ビジュアル
コア生物学

ERIC J. SIMON 著

八杉貞雄 監訳

石井泰雄・澤 進一郎
副島顕子・松田 学 訳

東京化学同人

BIOLOGY: THE CORE
Second Edition

ERIC J. SIMON
New England College

Authorized translation from the English language edition, entitled BIOLOGY: THE CORE, 2nd Edition, ISBN: 9780134152196 by SIMON, ERIC J., published by Pearson Education, Inc., Copyright © 2017 Pearson Education, Inc.

All rights reserved. No part of this book may be reproduced or transmitted in any form or by any means, electronic or mechanical, including photocopying, recording or by any information storage retrieval system, without permission from Pearson Education, Inc.

JAPANESE language edition published by TOKYO KAGAKU DOZIN CO., LTD., Copyright © 2019.

本書は，Pearson Education, Inc. から出版された英語版 SIMON, ERIC J. 著 BIOLOGY: THE CORE, 2nd Edition, ISBN: 9780134152196 の同社との契約に基づく日本語版である．Copyright © 2017 Pearson Education, Inc.

全権利を権利者が保有し，本書のいかなる部分も，フォトコピー，データバンクへの取込みを含む一切の電子的，機械的複製および送信を，Pearson Education, Inc. の許可なしに行ってはならない．

本書の日本語版は株式会社東京化学同人から発行された．
Copyright © 2019.

PEARSON

まえがき

学生の読者に

いまどきの学生は忙しい．勉強にアルバイト，部活動や家族との時間も必要だ．あなたが今この本を読んでいるなら，きっと科学の基礎を学んでいるのだろうし，それは二度とないことかもしれない．忙しい生活のなかで生物学をどうやって学べばいいのだろうか．よい知らせがある．この本は，まさにあなたのために書かれたのだ．

何年ものあいだ私は，忙しいなかで生物学でも成功をおさめようとする学生をみてきた．本書『Biology: The Core（ビジュアルコア生物学）』は，あなたが生物学のコースを効果的に学んで多くの成果をあげられるように，工夫されている．重要で必要な情報，つまり生物学のコア（核心）だけが含まれている．そのような情報がビジュアルに，見開き2ページ（ところにより1ページ）におさめられているので，読むことが苦にならないばかりか，楽しみにもなるだろう．

あなたは，生物学が自分の生活と関係があるのだろうか，と疑問に思っているかもしれない．でも，それに対する解答は簡単だ．栄養，がん，生殖と健康，遺伝子改変作物，それらの問題は直接にあなた自身やあなたの周囲の人々とかかわっている．この第2版では，食物や栄養，がんや心臓病など，人々と密接に関係する科学的な問題を正しく理解するための新しいモジュールを追加した．もちろん，生物学の考え方とあなたの日常的な経験を結びつけるための努力もしている．

『ビジュアルコア生物学』が今学期の目標や科目の優先順位にてらして，生物学のコースにおける有用な指針となり，また，身のまわりの生活における疑問を解明することに役立つことを希望する．

これを勉強している学期によい成績がとれるよう，そして生物学という冒険を楽しんでくれるよう望んでいる．生物学は，この本のなかだけでなく，あなたの身のまわりのいたるところにあるのだから．

教員に

生物学を専門としない学生に向けた教科書はあまたあるが，本書はそれらとどこが違うのだろうか．その答は，今日の学生に焦点を合わせた，ということである．自然科学を専門としない学生がその内容の深さに悪戦苦闘し，また生物学と実生活の関係に疑問をもつことがよくみられる．生物学の重要性を理解してもらうためにはどのような概念を教えるべきなのだろうか．本書では，内容を厳選して，身につけるべき最も重要な内容，つまり学生が10年後もまだ記憶していてほしい情報に焦点を絞った．それがコア（核心）である．

本書は新スタイルの教科書である．本書では，情報を小分けにして，わかりやすく魅力的で，視覚に訴えるやり方で提示している．内容は，最も基本的なものに限定している．すべての情報は独立した2ページ（ところによって1ページ）のモジュールとして示され，解説文と図表が一まとまりの教材となっている．モジュールはどの順番で学んでもよく，それによって最も適した順序で教えることができる．

この第2版は，多くの教員や学生からのご意見に基づいて，改訂されている．全体としてはすべての内容がより理解しやすく，また学生自身の生活とより密接に関連づけられている．学生によっては，科学的思考が苦手な場合もあるので，第2版では学生がそのような思考のスキルを生活に適応することを，助長するように努めた．

本書が，生物学を専門としないコースの学習目的と合致することを希望している．

授業が実り多いものであることを希望しつつ

ERIC J. SIMON, Ph.D.
SimonBiology@gmail.com

訳者まえがき

　本書は，Eric J. Simon 著，"Biology: The Core"第 2 版（2017）の訳である．原著者は米国ニューハンプシャー州 ニューイングランドカレッジの生物学・健康科学科の教授であり，『Campbell Essential Biology（第6版），Campbell Essential Biology with Physiology（第5版）』や『Campbell Biology: Concepts and Connections（第8版）』などの著者として知られている．著者による学生と教員に対する「まえがき」をお読みいただければ，本書の特質がすぐに理解される．つまり著者は，生物学（あるいは自然科学）を専門としない学生に生物学の重要な情報を伝え，生物学が学生自身の生活とどれほど深くかかわっているかを教えることを最重要課題として本書を著している．そのために，教えるべき内容を，独立したモジュールとして，それを魅力的な図や写真，表などとともに2ページ（ところにより1ページ）におさめて，教員によって最も適当と考える順番で教えることを可能にしている．各節冒頭のイントロダクションを解説したうえで，あとは図とその説明を利用して，それぞれの内容を理解させることはそれほど困難ではないだろう．

　本書のもう一つの特徴は，上にも述べたように，生物学を身近なものとして感じられるように，実生活に即した題材や教材が取上げられていることである．これにより学生も教員も，日々メディアなどで取上げられるトピックスについても，本書を開けばその生物学的な基盤を理解することができよう．

　翻訳にあたっては，日本の大学初年度における生物学の授業時間などを考慮して，原著の内容を若干取捨選択してコンパクトにした．これについては，原著の教育効果を低下させないように配慮し，原著者および原出版社の了解も得ている．

　訳者と翻訳分担章は以下のとおりである（分担章順）．

八 杉 貞 雄（首都大学東京名誉教授）	1, 7, 10 章
石 井 泰 雄（東京女子医科大学）	2, 5, 6 章
松 田 　 学（近畿大学）	3, 11 章
澤 　 進 一 郎（熊本大学）	4, 8 章
副 島 顕 子（熊本大学）	9, 12 章

　上記のように，内容を厳選して図などの配置を新たにデザインしていただいたところも多く，大変ご苦労をおかけした．記して厚く御礼申し上げる．東京化学同人の橋本純子さん，岩沢康宏さんにも，編集上のむずかしい作業をお願いした．心から感謝申し上げる．

　平成 31 年 2 月

訳者を代表して　　八 杉 貞 雄

謝　　辞

　本書第2版の出版に貢献してくださった多くの方々にお礼を申し上げたい．本書の執筆にあたって最も喜ばしかったのは，出版社 Pearson 社の有能な編集部の方々や，米国中の優れた多くの生物学者と交流する機会を得たことである．本書に足りないところやまちがいがあれば，それはひとえに著者の責任であるが，本書が成功しているとすれば，それはこれら多くの方々の努力の賜物である．

　本書，『Biology: The Core（ビジュアルコア生物学）』のコア（核心）となった方々には特別に感謝したいと思う．主任担当編集者 Alison Rodal はほとんど毎日私や他のスタッフと本書のあらゆる問題について考え，いろいろな意見をこの企画のためにまとめてくれた．彼女のいつも前向きで注意深い配慮は，書物の完成に向けた重要な時点で，欠かすことのできないものだった．彼女は，この教科書のめざすところを常に思い出させてくれると同時に，すばらしい指導力を発揮してくれた．編集長の Beth Wilbur は私を Pearson ファミリーに参加させてくれて以来，その視野の広さと理解力がすべての企画に活かされている．編集補助の Alison Cagle は，いつも精力的に査読をまとめ，種々の問題を解決してくれた．主任編集マネージャーである Ginnie Simione-Jutson は，編集上のあらゆることがらに，適切な示唆を与えてくれた．教育・科学・ビジネス・技術部門の責任者である Paul Corey にも感謝したい．彼の視野と洞察はこの企画に大きな貢献をしてくれた．

　Pearson 社のすべての編集者たちは，長年の経験と能力をこの企画に傾注してくれた．上級開発編集者である Mary Ann Murray の素晴らしい言語能力と優れたデザインセンスは，第2版の土台を形づくっている．彼女は創造的でタフで，本書のすべてのページによい影響を与えている．彼女の才能がなければ，私は途方にくれていただろう．プロジェクトマネージャー Mae Lum，索引作成の Robert Swanson，プログラムマネージャー Anna Amato，デザインマネージャー Marilyn Perry は，本書を読者にとって使いやすいものにしてくれ，また本書のデザインを新しくしてくれた．

　本書第1版の計画にあたって尽力してくださった方々にもお礼を申し上げたい．Nora Lally-Graves，Evelyn Dahlgren，Chalon Bridges の貢献がなければ本書の出版は実現しなかった．本書の装丁，写真，図版がすばらしいのは，DK 出版 (Dorling Kindersley)，Stuart Jackman，Sophie Mitchell，Anthony Limerick のおかげである．

　本文が完成し，体裁も整うと，次は製作チームの出番である．なかでも Integra 社の Margaret McConnell，Wanderlust Photos 社の Kristin Piljay，Pearson 社の Timothy Nicholls，Integra 社の Melody English に感謝する．Integra 社は，紙面の構成にも寄与してくれた．Imagineering 社の Cynthia Mutheardy とそのチームは，紙面のデザインにすばらしい才能を発揮してくれた．

　私は，本文に対する査読という形で協力してくださった多くの研究者にも感謝したい．そのうちの2人，Jim Newcomb（New England College）と Jay Withgott は専門分野に関して特に多くの優れた査読をしてくださった．Amanda Marsh は本書の全章を読んで意見をくださった．Marshall Simon，Jamey Barone，Nick Barone，Paula Marsh，Lori Bergeron（New England College），Maria Colby（Wings of Dawn in Henniker, NH），Elyse Carter Vosen（The College of Saint Scholastica），Terry Austin は重要なアドバイスをくださった．私は，自分の大学の多くの

同僚が，本書の各章を読み，またクラスでの利用の結果を知らせてくださったことに深謝する．それらの方々のお名前はリストにある．これらの方々のご厚意に感謝したい．New England College の同僚，特に Deb Dunlop, Sachie Howard, Tod Ramseyer, Mark Watman, David Gray, Bryan Partridge, Michelle Perkins はこのプロジェクトの間，種々の支援をくださったので，感謝申し上げる．

本書の補助教材に特に貢献してくださったのは Wiline Pangle (Central Michigan University), Brenda Leady (University of Toledo), Wendy Kuntz (Kapiolani Community College, University of Hawaii), Jenny Gernhart (Iowa Central Community College), Dana Kurpius (Elgin Community College) である．Lewis E. Deaton (University of Louisiana at Lafayette), Deborah Taylor (Kansas City Kansas Community College), Tina Tamme Hopper (Missouri State University), Eddie Lee, Mae Lum にも感謝する．

Pearson 社の多くの方々が本書に付属するメディアの作製に協力してくださった．Tania Mlawer, Sarah Jensen, Libby Reiser, Katie Foley, Caroline Ross, Charles Hall の諸氏に感謝する．

本が完成してからは，販売チームが，その特色をしっかり読者に伝えるということに専念してくださった．この点では，営業部長 Lauren Harp に謝意を評したい．著者から学生への長い道のりをしっかりつないでくれた Pearson 社のスタッフにも心から感謝する．彼らは毎学期，学生の学習と指導者の教育のために奮闘してくれている．

最後に，本書に大いに貢献してくださったにもかかわらず，ここにお名前をあげることができなかった方々に，お詫びし，また感謝したい．

本書，『ビジュアルコア生物学』第 2 版に協力してくださったすべての方に，深甚の謝意と敬意を表する．

ERIC J. SIMON, Ph.D.
New England College, Henniker, NH

第 2 版査読者

Shazia Ahmed, *West Virginia University*
Andrea Bixler, *Clarke College*
Terrence Boyle, *Mississippi State University*
Wendy J. Brown, *Danville Area Community College*
Sibyl Bucheli, *Sam Houston State University*
Jamie Burchill, *Troy University*
William Caire, *University of Central Oklahoma*
James Castle, *Imperial Valley College*
Yijing Chen, *Kent State University*
Tami Dahl, *North Dakota State University*
Greg Dahlem, *Northern Kentucky University*
Hattie Dambroski, *Normandale Community College*

Lewis Deaton, *University of Louisiana*
H. Alan DeRamus, *University of Louisiana*
Danielle Ducharme, *Waubonsee Community College*
Denise Due-Goodwin, *Vanderbilt University*
Robert E. Farrell, Jr., *Pennsylvania State University*
Brandon Lee Foster, *Wake Technical Community College*
Samantha Furr-Rodgers, *Stanly Community College*
Kathy Gallucci, *Elon University*
Chunlei Gao, *Middlesex Community College*
J. Yvette Gardner, *Clayton State University*
Jenny Gernhart, *Iowa Central Community College*

Heather Giebink, *Pennsylvania State University*
Mary Gobbett, *University of Indianapolis*
Larry Gomoll, *Stone Child College*
Cara Gormally, *Gallaudet University*
Melissa Greene, *Northwest Mississippi Community College*
Melissa Gutierrez, *University of Southern Mississippi*
James Harper, *Sam Houston State University*
Mary Haskins, *Rockhurst University*
Jody Hawkins, *College of Southern Idaho*
Tina Hopper, *Missouri State University*
Joseph Daniel Husband, *Florida State College, Jacksonville*
Manjushri Kishore, *Heartland Community College*

Jennifer Kneafsey, *Tulsa Community College*
Wendy Kuntz, *Kapiolani Community College*
Brenda Leady, *University of Toledo*
Maureen Leupold, *Genesee Community College*
Jeffrey Mahr, *Georgia Perimeter College*
Lisa Maranto, *Prince George's Community College*
Heidi Marcum, *Baylor University*
Bonique Morton, *Youngstown State University*
Vamsi Nalam, *Indiana University–Purdue University Indianapolis*

James Newcomb, *New England College*
Lori Nicholas, *New York University*
Angel Nickens, *Northwest Mississippi Community College*
Mary O'Sullivan, *Elgin Community College*
Cassia Oliveira, *Lyon College*
Katherine Phillips, *North Hennepin Community College*
Vanessa Quinn, *Purdue University*
Eileen Roark, *Central Connecticut State University and Manchester Community College*
Peggy Rolfsen, *Cincinnati State College*

Carlos Santamaria, *Sam Houston State University*
Mark Schoenbeck, *University of Nebraska*
Justin Shaffer, *North Carolina A&T State University*
Clint Springer, *St. Joseph's University*
Andrew Swanson, *University of Arkansas*
Suzanne Wakim, *Butte Community College*
Jennifer Wiatrowski, *Pasco-Hernando College*
Leslie Winemiller, *Texas A&M University*

第 1 版査読者

Shamili Ajgaonkar, *Sandiford College of DuPage*
Penny Amy, *University of Nevada, Las Vegas*
Kim Atwood, *Cumberland University*
David Ballard, *Southwest Texas Junior College*
Marilyn Banta, *Texas State University*
Patricia Barg, *Pace University*
David Belt, *Metropolitan Community College, Penn Valley*
Anna Bess Sorin, *University of Memphis*
Andrea Bixler, *Clarke University*
Susan Bornstein-Forst, *Marian University*
Randy Brewton, *University of Tennessee, Knoxville*
Peggy Brickman, *University of Georgia*
Steven Brumbaugh, *Green River Community College*
Stephanie Burdett, *Brigham Young University*
Greg Dahlem, *Northern Kentucky University*
Mary Dettman, *Seminole State College of Florida*
Eden L. Effert, *Eastern Illinois University*
Jose Egremy, *Northwest Vista College*
Hilary Engebretson, *Whatcom Community College*
Brian Forster, *St. Joseph's University*
Brandon Foster, *Wake Technical Community College*

Thomas Gehring, *Central Michigan University*
Larry Gomoll, *Stone Child College*
Tammy Goulet, *University of Mississippi*
Eileen Gregory, *Rollins College*
David Grise, *Texas A&M University–Corpus Christi*
Tom Hinckley, *Landmark College*
Kelly Hogan, *University of North Carolina at Chapel Hill*
Christopher Jones, *Moravian College*
Jacob Krans, *Central Connecticut State University*
Pramod Kumar, *Northwest Vista College*
Wendy Kuntz, *University of Hawai'i*
Dana Kurpius, *Elgin Community College*
Brenda Leady, *University of Toledo*
Maureen Leupold, *Genesee Community College*
Mark Manteuffel, *St. Louis Community College*
Debra McLaughlin, *University of Maryland, College Park*
Heather Miller, *Front Range Community College and Kaplan University*
Lisa Misquitta, *Quinebaug Valley Community College*
Pamela Monaco, *Molloy College*
Ulrike Muller, *California State University, Fresno*
Lori Nicholas, *New York University*
Monica Parker, *Florida State College, Jacksonville*

Don Plantz, *Mohave Community College*
Gregory Podgorski, *Utah State University*
Robyn A. Puffenbarger, *Bridgewater College*
Kayla Rihani, *Northeastern Illinois University*
Nancy Risner, *Ivy Tech Community College*
Bill Rogers, *Ball State University*
David Rohrbach, *Northwest Vista College*
Chris Romero, *Front Range Community College, Larimer Campus*
Checo Rorie, *North Carolina Agricultural and Technical State University*
Amanda Rosenzweig, *Delgado Community College*
Kim Sadler, *Middle Tennessee State University*
Steve Schwartz, *Bridgewater State University*
Tara Scully, *George Washington University*
Cara Shillington, *Eastern Michigan University*
Stephen Sumithran, *Eastern Kentucky University*
Suzanne Wakim, *Butte Community College*
Frances Weaver, *Widener University*
Susan Whitehead, *Becker College*
Jennifer Wiatrowski, *Pasco-Hernando Community College*
Matthew Wund, *The College of New Jersey*

第 1 版の試用に参加してくださった方々

Leo Alves, *Manhattan College*
Tonya Bates, *University of North Carolina at Charlotte*
Brian Baumgartner, *Trinity Valley Community College*

Lisa Blumke, *Georgia Highlands College*
TJ Boyle, *Blinn College*
Michelle Brewer, *Central Carolina Technical College*

Melissa Caspary, *Georgia Gwinnett College*
Krista Clark, *University of Cincinnati, Clermont*
Merry Clark, *Georgia Highlands College*

Reggie Cobb, *Nash Community College*
Angela Costanzo, *Hawai'i Pacific University, Loa*
Evelyn Cox, *University of Hawai'i, West Oahu*
Hattie Dambrowski, *Normandale Community College*
Lisa Delissio, *Salem State University*
Kelsey Deus, *Caspar College*
Dani Ducharme, *Waubonsee Community College*
Jennifer Ellie, *Wichita State University*
Sachie Etherington, *University of Hawai'i, Manoa*
Christy Fleishacker, *University of Mary*
Brandon Foster, *Wake Technical Community College*
Valerie Franck, *Hawai'i Pacific University*
Jennifer Fritz, *University of Texas, Austin*
Kathy Galluci, *Elon University*
Chunlei Gao, *Middlesex Community College*
Mary Gobbett, *University of Indianapolis*
Erin Goergen, *St. Petersburg College, Clearwater*
Marla Gomez, *Nicholls State University*
Larry Gomoll, *Stone Child College*
David Grise, *Texas A&M University, Corpus Christi*
Melissa Gutierrez, *University of Southern Mississippi*
Barbara Hass Jacobus, *Indiana University–Purdue University Columbus*
Debra Hautau, *Alpena Community College*
Jon Hoekstra, *Heartland Community College*
Tina Hopper, *Missouri State University*
Joseph Husband, *Florida State College, Jacksonville*

John Jenkin, *Blinn College*
Jamie Jensen, *Brigham Young University*
Julie Johns, *Cincinnati State Community College*
Anta'Sha Jones, *Albany State University*
Ambrose (Trey) Kidd, *University of Missouri, St. Louis*
Manju Kishore, *Heartland Community College*
Cindy Klevickis, *James Madison University*
Tatyana Kliorina, *Trinity University*
Karen Koster, *University of South Dakota*
Barbara Kuehner, *University of Hawai'i, West Hawai'i*
Dana Kurpius, *Elgin Community College*
Jennifer Landin, *North Carolina State University*
Grace Lasker, *Lake Washington Institute of Technology*
Brenda Leady, *University of Toledo*
Sharon Lee-Bond, *Northampton Community College*
Ernest May, *Kansas City Kansas Community College*
MaryAnn Menvielle, *California State University, Fullerton*
Kim Metera, *Wake Technical Community College*
Heather Miller, *Front Range Community College and Kaplan University*
Pamela Monaco, *Molloy College*
Punya Nachappa, *Indiana University–Purdue University Fort Wayne*
Kathryn Nette, *Cuyamaca College*
Betsy Ott, *Tyler Junior College*
Mary O'Sullivan, *Elgin Community College*
Dianne Purves, *Crafton Hills College*

Peggy Rolfsen, *Cincinnati State Community College*
Checo Rorie, *North Carolina A&T State University*
Brian Sailer, *Central New Mexico Community College*
Daita Serghi, *University of Hawai'i, Manoa*
Vishal Shah, *Dowling College*
David Smith, *Lock Haven University*
Patti Smith, *Valencia Community College*
Adrienne Smyth, *Worcester State University*
Wendy Stankovich, *University of Wisconsin, Platteville*
Frank Stanton, *Leeward Community College*
Olga Steinberg, *Hostos Community College*
Fengjie Sun, *Georgia Gwinnett College*
Ed Tall, *Seton Hall University*
Lavon Tonga, *Longview Community College*
Maria Trone, *Valencia College, Osceola*
Dan Trubovitz, *San Diego Miramar College*
Encarni Trueba, *Community College of Baltimore County*
Larchinee Turner, *Central Carolina Technical College*
Marty Vaughan, *Indiana University–Purdue University Indianapolis*
Justin Walguarnery, *University of Hawai'i, Manoa*
Jim Wallis, *St. Petersburg College, Tarpon Springs*
Rebekah Ward, *Georgia Gwinnett College*
Jamie Welling, *South Suburban College*
Clay White, *Lone Star College*
Leslie Winemiller, *Texas A&M University*

第1版の検討会に参加してくださった方々

Christine Andrews, *Lane Community College*
Morvarid Bejnood, *Pellissippi State Community College*
Cindy Bida, *Henry Ford Community College*
Nickolas Butkevich, *Schoolcraft College*
Susan Finazzo, *Georgia Perimeter College*
Jennifer Gernhart, *Iowa Central Community College*
Kristy Halverson, *University of Southern Mississippi*

Jody Hawkins, *College of Southern Idaho*
Wendy Jamison, *Chadron State College*
Kevin B. Jones, *Charleston Southern University*
Jacqueline Jordan, *Clayton State University*
Katrina Kirsch, *Western Wyoming Community College*
Jennifer Kneafsey, *Tulsa Community College*
Margaret Major, *Georgia Perimeter College*

Lisa Maranto, *Prince George's Community College*
Cassandra Moore-Crawford, *Prince George's Community College*
Ruben Murcia, *Rose State College*
Kim Sadler, *Middle Tennessee State University*
Denise Shipley, *Mountain View College*
Kathy Watkins, *Central Piedmont Community College*
Christina Weir, *Eastern New Mexico University, Roswell*

著者について

Eric J. Simon は，米国ニューハンプシャー州ヘニカーのニューイングランドカレッジの生物学・健康科学科の教授である．科学専攻および非専攻の学生に生物学入門の講義を行い，また科学非専攻の学生にベリーズにおける熱帯海洋生物学への入門コースも開設している．彼はウェズリアン大学で生物学士号とコンピューターサイエンス学士号を取得，同大学の生物学修士号，ハーバード大学の生化学博士号を得ている．主要な研究テーマは，特に科学非専攻の学生に対する科学の授業を改善するための種々の技法を開発することである．彼はニューハンプシャー州で，妻，2人  の息子，3匹のキャバリア・キングチャールズスパニエル種の犬，数十羽のニワトリ，およびヒョウモントカゲモドキというヤモリの仲間とともに生活している．『Campbell Essential Biology（第6版）』，『Campbell Essential Biology with Physiology（第5版）』の筆頭著者であり，また入門生物学の教科書である『Campbell Biology: Concepts and Connections（第8版）』の共著者でもある．

私は本書を，我が人生のコア（核心）をなしている，常に揺るがぬ忍耐力と美しさと親切さを備えているパートナーの Amanda，2 人の豊かな才能をもつ息子たち，Reed と Forest，そして親愛なる友人たち，JB，NB，JN，BN，ECV，DV に捧げる．

目　次

1　生命科学への導入

1・1　生物が共有する性質と生物界の階層 …………2
1・2　科学の方法と実験 ………………………………4
1・3　現代生物学の主要テーマ ………………………6

2　生命の化学

2・1　生命の基礎：元素，原子，分子 ………………8
2・2　原子の構造と化学結合 ……………………… 10
2・3　生命を支える水と炭素 ……………………… 12
2・4　生体高分子 …………………………………… 14
2・5　炭水化物 ……………………………………… 16
2・6　脂　質 ………………………………………… 18
2・7　タンパク質 …………………………………… 20
2・8　酵素と化学反応 ……………………………… 22

3　細胞：生命の基本単位

3・1　細　胞 ………………………………………… 24
3・2　生体膜の構造と機能 ………………………… 26
3・3　核と染色体 …………………………………… 28
3・4　タンパク質の生産にかかわる細胞小器官 …… 30
3・5　ミトコンドリアと葉緑体 …………………… 32
3・6　その他の細胞構造 …………………………… 33

4　エネルギー

4・1　生物とエネルギー …………………………… 34
4・2　光合成の2段階 ……………………………… 36
4・3　光合成における糖の生成 …………………… 38
4・4　細胞呼吸によるエネルギーの生成 ………… 40
4・5　発酵と物質代謝 ……………………………… 42

5　染色体と遺伝

5・1　生殖と染色体 ………………………………… 44
5・2　細胞周期 ……………………………………… 46
5・3　核分裂と細胞質分裂 ………………………… 48
5・4　減数分裂と染色体数 ………………………… 50
5・5　有性生殖と遺伝的多様性 …………………… 52
5・6　遺伝の法則：分離の法則 …………………… 54
5・7　遺伝の法則：独立の法則 …………………… 56
5・8　ヒトの遺伝 …………………………………… 58
5・9　いろいろな遺伝様式 ………………………… 60

6　DNA：生命の分子

6・1　DNAの構造と複製 …………………………… 62
6・2　遺伝情報の流れ：DNA, RNA, タンパク質 … 64

6・3　転写と翻訳⋯⋯⋯⋯⋯⋯⋯⋯⋯⋯⋯66
6・4　遺伝子の発現調節⋯⋯⋯⋯⋯⋯⋯⋯68
6・5　がんと遺伝子発現⋯⋯⋯⋯⋯⋯⋯⋯70
6・6　遺伝子工学と遺伝子治療⋯⋯⋯⋯⋯72
6・7　遺伝子組換え生物⋯⋯⋯⋯⋯⋯⋯⋯74
6・8　ポリメラーゼ連鎖反応⋯⋯⋯⋯⋯⋯76
6・9　DNA型鑑定⋯⋯⋯⋯⋯⋯⋯⋯⋯⋯78
6・10　ゲノム計画⋯⋯⋯⋯⋯⋯⋯⋯⋯⋯79

7　進　化

7・1　進化論の発展とダーウィンの『種の起原』⋯80
7・2　自然選択と人為選択⋯⋯⋯⋯⋯⋯⋯82
7・3　進化の証拠⋯⋯⋯⋯⋯⋯⋯⋯⋯⋯⋯84
7・4　進化の単位としての個体群⋯⋯⋯⋯86
7・5　進化の過程⋯⋯⋯⋯⋯⋯⋯⋯⋯⋯⋯88
7・6　生殖隔離と種分化⋯⋯⋯⋯⋯⋯⋯⋯90
7・7　地球の歴史と生物の分類⋯⋯⋯⋯⋯92
7・8　系統樹と進化⋯⋯⋯⋯⋯⋯⋯⋯⋯⋯94

8　生物多様性 1：微生物

8・1　生命の起原⋯⋯⋯⋯⋯⋯⋯⋯⋯⋯⋯96
8・2　多様な原核生物の世界：アーキア⋯98
8・3　多様な原核生物の世界：細菌⋯⋯100
8・4　真核生物の進化⋯⋯⋯⋯⋯⋯⋯⋯102
8・5　多細胞生物の進化⋯⋯⋯⋯⋯⋯⋯104
8・6　ウイルスとプリオン⋯⋯⋯⋯⋯⋯106

9　生物多様性 2：菌類と植物

9・1　菌類：キノコやカビの仲間⋯⋯⋯108
9・2　植物の構造と陸上生活への適応⋯110
9・3　陸上植物の進化⋯⋯⋯⋯⋯⋯⋯⋯112
9・4　コケ植物：種子をつくらず
　　　維管束をもたない植物⋯⋯⋯114
9・5　シダ植物：種子をつくらない
　　　維管束植物⋯⋯⋯⋯⋯116
9・6　裸子植物：最初の種子植物⋯⋯⋯118
9・7　被子植物：陸上の支配者⋯⋯⋯⋯120

10　生物多様性 3：動物

10・1　動物の性質と進化⋯⋯⋯⋯⋯⋯⋯122
10・2　海綿動物，刺胞動物，扁形動物，
　　　環形動物，線形動物⋯⋯⋯124
10・3　軟体動物と節足動物⋯⋯⋯⋯⋯⋯126
10・4　棘皮動物と脊索動物⋯⋯⋯⋯⋯⋯128
10・5　魚類，両生類，爬虫類⋯⋯⋯⋯⋯130
10・6　哺乳類と人類の進化⋯⋯⋯⋯⋯⋯132

11　人体の構造と機能

11・1　組織と器官⋯⋯⋯⋯⋯⋯⋯⋯⋯⋯134
11・2　消化系⋯⋯⋯⋯⋯⋯⋯⋯⋯⋯⋯⋯136
11・3　呼吸系⋯⋯⋯⋯⋯⋯⋯⋯⋯⋯⋯⋯138
11・4　循環系⋯⋯⋯⋯⋯⋯⋯⋯⋯⋯⋯⋯140
11・5　血　液⋯⋯⋯⋯⋯⋯⋯⋯⋯⋯⋯⋯142
11・6　免疫系⋯⋯⋯⋯⋯⋯⋯⋯⋯⋯⋯⋯144
11・7　ホメオスタシスと内分泌系⋯⋯⋯146
11・8　泌尿系⋯⋯⋯⋯⋯⋯⋯⋯⋯⋯⋯⋯148
11・9　生殖系⋯⋯⋯⋯⋯⋯⋯⋯⋯⋯⋯⋯150
11・10　受精と発生⋯⋯⋯⋯⋯⋯⋯⋯⋯152

11・11　神経系と感覚受容器……………………154　　11・13　骨格系と筋肉系……………………………158
11・12　ニューロンと脳………………………………156

12　生　態　学

12・1　生態系の非生物要因…………………………160　　12・6　陸圏バイオーム……………………………170
12・2　生物群集と種間相互作用……………………162　　12・7　水圏バイオーム……………………………172
12・3　食物網と栄養循環……………………………164　　12・8　エネルギーと物質の循環……………………174
12・4　種多様性と帰化種……………………………166　　12・9　環境問題……………………………………176
12・5　生物多様性……………………………………168　　12・10　地球温暖化…………………………………178

掲載図出典……181
索　　　引……185

biology
the core 2nd Edition

1 生命科学への導入

1・1 生物が共有する性質と生物界の階層

生物学（生命科学）は生物（生命）を科学的に研究する学問である．このように定義は簡単であるが，実は多くの疑問がある．すぐに浮かぶ疑問は，"生物とは何か"である．**生物を非生物から区別するものは何か**．生物学者は，生物が共有する多くの性質によって生物を定義する．生物の研究は，細胞の微視的世界から地球の生態系まで，生物の階層に応じて広い範囲に及んでいる．

生物の性質

ゾウなどの生物は共通の性質をもっている．

細胞
すべての生物は細胞からなる．単一の細胞からできている生物もあるが，ゾウなどは何十兆個もの細胞をもつ

秩序
生物は複雑であるが秩序だった構造をもっている．ゾウの眼はその一例である

生殖と成長
ゾウを含めてすべての生物は同種の子をつくり，子は成長する．生殖や成長はゲノムの担う情報によって制御される

エネルギーの利用
すべての生物はエネルギーを取込み，利用可能な形態に変化させる．ゾウは植物を摂食してエネルギーを得ている．エネルギーは運動にも体温の発生にも用いられる

環境に対する応答
すべての生物は環境の変化に応答し，環境が変化しても体内の状況が変動しないようにしている．このゾウは水浴びによって体温を一定に保とうとしている

進化
環境に適応した形質をもつ生物は，その遺伝子を次世代に伝える可能性が高くなる．適応によって生物進化が起こる．現生のゾウとマンモスは共通祖先から進化した

生物界の階層

生物界の階層を最上部からまとめてみよう．

生物圏は深海から大気の上層まで，そこに生息するすべての生物とそれを支える環境全体からなる

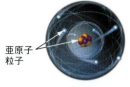
原子は物質の基本単位である．原子は元素の性質を決定する最小の単位．原子はさらに小さい亜原子粒子などから構成される

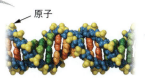
分子は原子がつながったもの．図はコンピューターで作図したDNA（デオキシリボ核酸）の一部で，原子は球状の構造物として表されている

細胞小器官は固有の機能を果たす細胞の構成要素である．たとえば上皮細胞の核はDNAを収納している

細胞は生物の基本単位である．細胞より下位の階層は，生物のすべての基準をみたすことはない．細菌などいくつかの生物は単細胞性であり，ゾウなど他のものは何十兆個もの細胞からなる

生態系はある地域（アフリカのサバンナなど）のすべての生物と，土壌，空気，太陽など，生物に影響を与えるすべての非生物要素を含む

組織は固有の機能を果たす類似の細胞の集団である．図は，心臓の上皮組織の顕微鏡写真で，この組織は心臓を覆い，血液がスムーズに流れるようにしている

群集は生態系を占める生物個体群をすべて含んでいる．群集には植物，動物，微生物が含まれる

個体はアフリカゾウ *Loxodonta africana* のような，独立した生物体である

器官は協同して固有の機能を果たす複数の組織からなる．ゾウの心臓は循環系を通して血液を送り出す

個体群はここに示すサバンナのアフリカゾウのような，ある種の個体のグループである

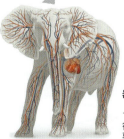
器官系は協同して働くいくつかの器官のグループである．たとえば心臓と循環系は，体の各部に必要な物質を運搬する

コアアイデア
- 生物学は生物を科学的に研究する学問である．すべての生物は共通した性質を示す．非生物はこれらの性質のすべてをもつことはない．
- 生物は，大きなレベルから微小なレベルまで階層をなしていて，生物学はすべてのレベルを研究する．

1・2 科学の方法と実験

生物学者は生物の研究に，科学の方法を用いる．それでは科学とはなんだろうか．自然を探求するのに，科学的方法とそれ以外の方法にはどのような違いがあるだろうか．科学研究には，いくつかの重要な原理がある．

科学研究の進め方

われわれの世界のいろいろな現象を観察すると，なぜそのようなことが起こるのか，疑問に思えることがある．その説明はどのようになされるだろうか．**科学的方法**はそれを解決する一つの手順である．それに従えば，自然界についての理解が得られる．ここではチョコチップクッキーを例に考えてみよう．

観察：あるクッキーはほかのものよりおいしい

観察はなぜそうであるかという疑問へ導く

疑問：おいしいクッキーをつくるレシピはなんだろうか

疑問を考えるときには，科学者は検証すべき説明である仮説を立てる

仮説：バターの代わりにマーガリンを用いると，もっとおいしくなる，という仮説を立てる

よい仮説は測定可能な実験へと導く

実験：仮説を検証するために，バターをマーガリンで置き換え，それ以外の原料はすべて同じにした実験を行う

実験は，仮説を支持するか，排除するか，どちらかのデータを与える

結果：2種類のクッキーの味を比較する

データから結論が得られる

結論：バターをマーガリンに変えてもおいしくならなかった

しばしば結論はさらに疑問を生じ，その場合は実験を繰返すことになる

科学は自然界の観察から出発する．**発見科学**は自然界を，測定やデータの収集など，実証可能な観察によって研究する方法である．データは，さらに進んだ疑問へと導く．たとえば，多くの種類のクッキーを集めて，そこに違いがあることに気づいたとする．多くのデータを集めれば，そこで研究を終えることもできるし，その観察からさらに検証すべき疑問へと進むこともある．

仮説と理論

科学のなかでは，仮説と理論を区別することが重要である．科学者が"理論"とよぶものは単なる"考え方"とは異なる．

仮説	理論
科学の進歩はしばしば**仮説**の立て方に依存する．しっかりした仮説は検証可能で，検証の結果は仮説を支持するか排除する．たとえば，図の植物細胞にみられる葉緑体やミトコンドリアが細胞の共生によって生じたとする仮説がある（核，葉緑体，ミトコンドリア）	理論は仮説よりよく支持され，より広い現象を説明できる考えである．理論はこれまで誤っていることが証明されたことはなく，多くの観察を説明できる．たとえば細胞説では，すべての生物は細胞からできていて，細胞は細胞からのみ生じる，とされる．理論は，さらなる仮説を立てるのに用いられる（脂肪細胞）

実験の進め方

チョコチップクッキーは，味だけでなく，形も違う．材料や焼き方によるのだろうか．これについて仮説を立て，**実験**してみよう．仮説を検証するのに科学者は，**対照実験**を行う．これは一つだけ条件（変数）を変えて，その他の条件は全く同じにする実験である．たとえば，クッキーを焼くのに，薄力粉を使うか中力粉を使うか，という点だけを変えて，そのほかの材料や焼き方は全く同じにする．もし，出来上がったクッキーに差があれば，それは変えた変数によると結論できる．

仮説
薄力粉でつくったクッキーは中力粉でつくったクッキーよりふっくらする

粉以外のレシピは同じである．この対照実験は，薄力粉を用いると中力粉を使った場合よりクッキーがふっくらすることを証明している

薄力粉のクッキー　　　中力粉のクッキー

盲検

盲検というのは，いくつかの情報を被験者（判定者）に知らせずに行う実験である．たとえば，クッキーをつくるのに用いた粉の種類を知らせずに判定してもらう．それによって，先入観をもって判定することを避けることができる．これは（一重）盲検という．実験を行う人（研究者）も被験者も情報を知らずに行うのは**二重盲検**とよばれる．これにより，実験を行う人が無意識に判定者に条件を知らせてしまうことを防ぐことができる．多くの医薬品の効果の検証には，二重盲検法が必須である．そのさい，医薬品の対照として用いられる医薬品としての作用がない無害な薬品は，**偽薬**（プラセボ）とよばれる．

実験の種類	被験者が条件を知っているか	研究者が条件を知っているか
非盲検	はい	はい
一重盲検	いいえ	はい
二重盲検	いいえ	いいえ

陰性対照群と陽性対照群

対照群は，実験の基礎となる考え方である．クッキーの実験では，対照群は通常のレシピでつくられる．そのレシピの1箇所だけを変えたレシピでつくられたクッキーを対照群のクッキーと比較すると，クッキーの違いはその変化させたレシピによることがわかる．

対照群	
陰性対照群と陽性対照群を用いると，実験結果の変化が変数のみによることが確かめられる	
陰性対照群	**陽性対照群**
実験結果に変化が期待されない実験群．たとえば，同じ温度のオーブンのどちらを用いるかによって，クッキーには違いがないはずである	実験結果に変化が期待される実験群．たとえば，バターの量を2倍にすると，効果があるはずである．もし効果が認められないときには，その実験計画には何か誤りがあることになる

コアアイデア
- 科学研究は観察から始まり，仮説が立てられ，それを検証するために実験が行われる．しっかりと検証され，広い範囲の生物現象に当てはまる仮説は，理論となる．
- 仮説を検証するための実験には対照実験が用いられる．

1・3　現代生物学の主要テーマ

生物学の幅広い分野を貫いている主要な研究テーマがある．このような包括的なテーマは，細胞の顕微鏡的な世界から地球規模の環境まで，すべての生物学的側面に共通する．生物学全体に及ぶテーマに焦点を当てることは，これから学ぶ多くの情報を整理するのに役立つであろう．

進　化

あなたに家系があるように，現在地球上に生息するすべての種は，祖先種から生じた生命の樹の小枝を代表している．類似の種は，系統樹の比較的最近の枝分かれ点にいる共通の祖先をもっている．一方，細胞レベルでは，すべての生物は驚くほどの類似性を示す．多様な種にこのような共通の形質があることは，科学的には**進化**によって説明される．進化は，祖先種から，ゆっくりした変化によって現生種が生じたとする考えである．ダーウィンによっておよそ150年前に唱えられた自然選択による進化理論は，すべての生物学を統合する中核的テーマである．進化は，極限の生息場所を占有する微小な生物から多様な種，そして地球規模の環境の安定性に至る，あらゆる生物の側面を研究し，理解する際の助けとなる．

構造と機能

生物の構造（形態）と機能は密接に関係している．この関連性は生物の階層のあらゆるところでみられる．たとえば肺は環境から酸素（O_2）を取込み，環境に二酸化炭素（CO_2）を排出するが，肺の構造はこの機能に適合している．しだいに細くなる管の先端に肺胞とよばれる微小な袋があり，ガスはそこで血管に出入りする．このような肺の枝分かれ構造は表面積を増大して，多くのガスを通過させるという肺の機能を助けている．

肺の小さい袋は，ガス交換の機能に適合している

エネルギーと物質の循環

細胞のすべての活動はエネルギーと物質を必要とする．ほとんどすべての生態系で，太陽光エネルギーは植物などの光合成生物によって捕獲され，糖質やその他の高分子を合成するのに用いられる．これらの分子は，次に，他の生物の食物となり，エネルギーの産生と体の構成成分の材料となる．すべての細胞内で，分子がエネルギーを受容し，変換し，放出する過程で，次つぎとパートナーを変える"化学的スクエアダンス（代謝とよばれる）"が途切れることなく演じられている．いくらかのエネルギーは熱に変換され，生態系から失われる．生物がエネルギーと物質の変換を制御する実例は，至るところで観察される．

太陽光は，ここペルーのアマゾン川流域でも，生態系にエネルギーを供給する

情報の流れ

生物の機能が秩序だって遂行されるためには，情報を受容し，伝達し，利用しなければならない．このような情報の流れは生物の階層のあらゆる段階で明らかにみられる．顕微鏡レベルでは，すべての細胞は情報を世代から世代に伝えられる DNA の塩基配列，つまり遺伝子の形で含んでいる．遺伝子の情報は，どの生物でも同じ DNA の化学的言語で書かれている．遺伝子は常に体の機能を制御するための異なるタンパク質の産生を司っている．多くの遺伝病は遺伝子の突然変異という誤った情報に基づく．

パーキンソン病の患者（モハメド・アリや M. J. フォックスなど）は変異した遺伝子をもち，それが体の震えを生じさせる

相互関係

生物の研究は，分子や細胞といった顕微鏡レベルから，地球という惑星全体の全生物のレベルまで，広範囲にわたる．この広がりは，生物の階層に応じて，いくつかの段階に分けることができる．それぞれのレベル内，あるいはレベル間には，多くの相互関係がある．あるレベルでは，下位のレベルではみられない新しい性質が出現する．これは"性質の創発"とよばれる．複雑性が増すにつれて，あるレベルを構成する部分間の特異的な配置と関係が新たな性質を生じるのである．たとえば，生命とよべる性質は細胞のレベルで初めて生じるのであって，試験管に多くの分子を詰め込んでも，それは生きてはいない．"全体はその部分の総和以上のものである"．

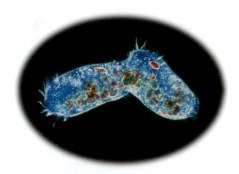

細胞は自己複製などの創発的性質をもつ．これは細胞を構成する個々の要素にはみられない

ゾウの研究と生物学のテーマ

現代生物学の主要テーマは，ゾウの生物学にもあてはまる．

エネルギーと物質の循環
ゾウはその体の機能を維持するために，毎日 70,000 カロリーもの食餌をとらなければならない

進化
この 10 年ほどの研究で動物学者は，アフリカのゾウにはアフリカサバンナゾウとアフリカシンリンゾウの 2 種類が存在することを明らかにした．以前には 1 種類であると考えられていた

情報の流れ
アフリカゾウの DNA の全塩基配列が決定され，マンモスなど他の哺乳類の情報と比較することで，ゾウの特異な形態をもたらした遺伝子についての研究が進んでいる

構造と機能
ゾウの心臓は重量が 18 kg にも達する．しかしその拍動速度はヒトの半分ほどである．ゾウの心臓はきわめて効率のいいポンプとして機能するためのいくつかの特異的な構造をもっている

相互関係
生態学者は，天候，捕食者，成長期の変化などがゾウの個体群の大きさと構成にどのように影響するかを研究している

コアアイデア
- 進化，構造と機能の関係，エネルギーや物質の変換，情報の流れ，生物系の要素間の関係，これらの主要なテーマは，あらゆるレベルの生物学を統合するものである．

2　生命の化学

2・1　生命の基礎：元素，原子，分子

すべての生物は化学反応系である．生命現象をひき起こす原動力は基本的な化学成分の間で起こる相互作用である．生命現象を理解するには，**化学**の基礎知識が欠かせない．

物質，元素と化合物，および原子と分子

すべての"もの"は**物質**からできている．物質とは，空間を占め質量をもつもののことである．すべての物質は，化学反応によってそれ以上別の物質に分解できない**元素**という基本的な成分から構成されている．2種類以上の元素を一定の比率で含む物質を**化合物**という．物質を構成する基本的な粒子を**原子**という．原子が単独で存在することはあまりなく，互いに結びついて**分子**を形成していることが多い．

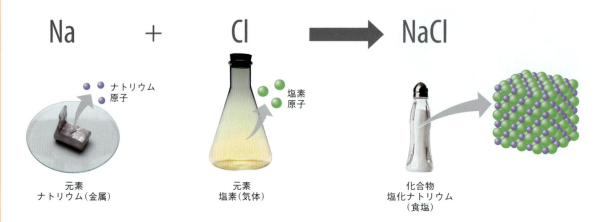

化学反応

生物を構成する成分は，**化学反応**によってたえず変化している．化学反応の表記では，**反応物**（反応前の物質）を左側に，**生成物**（反応後の物質）を右側に書く．次に示すのは細胞呼吸とよばれる化学反応である．この化学反応が起こると，グルコース（糖）と酸素（気体）をもとに，細胞にエネルギーが供給される．そのさい，水と二酸化炭素が生じる．化学反応は原子を再配置するが，原子を新たにつくったり壊したりすることはない．各原子の数を，反応物と生成物の間で比べてみよう．

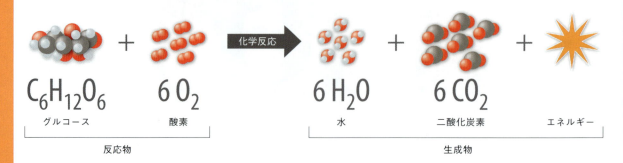

周期表

周期表はすべての元素を原子番号の順に並べたものである．原子量は陽子と中性子を合わせた数である．天然の元素には中性子の数が異なるものもある．原子量はそれらのものの平均値である．

生物を構成する元素

地球上には，天然の元素が約90種類存在し，実験室で人工的につくられたものを含めて，2018年現在，118種類の存在が確認されている．そのうち4種類が生物を構成する物質の大半をつくり，7種類が残りの質量のほとんどを占めている．14種類の微量元素は細胞内にごくわずかしか存在しないが，細胞はそれらなしには生きられない．

生物にとって欠かせない25種類の元素

4種類が細胞の大部分を占める（オレンジ）

酸素 65.0%
炭素 18.5%
水素 9.5%
窒素 3.3%

96.3%

7種類が残りのほとんどを占める（緑）

カルシウム 1.5%
リン 1.0%
カリウム 0.4%
硫黄 0.3%
ナトリウム 0.2%
塩素 0.2%
マグネシウム 0.1%

3.7%

14種類の微量元素はほんのわずかあればよい（赤）

ホウ素，クロム，コバルト，銅，フッ素，ヨウ素，鉄，マンガン，モリブデン，セレン，ケイ素，スズ，バナジウム，亜鉛

0.1%以下

コアアイデア
- すべての物質は元素からできている．いくつかの元素が結合して化合物をつくる．
- 天然の元素のうち生物が利用するのは25種類のみであり，酸素，炭素，水素，窒素が大部分を占める．

2・2　原子の構造と化学結合

原子は原子核（中性子と陽子）とその周囲を高速で回っている電子からなる．化学反応が起こるときには，原子が他の原子から電子を奪ったり，逆に電子を渡したり，あるいは共有したりする．そのさい，原子どうしが引き合い，**化学結合**によって結びつくことがある．

原子の微細構造

原子はさらに小さな**亜原子粒子**からできている．そのうちの2種類（**中性子**と**陽子**）は質量がほぼ等しく，中心の**原子核**に存在する．陽子の数は元素ごとに異なり，各元素に固有の性質をもたらす．3種類目の粒子（**電子**）の質量はきわめて小さく，原子核のまわりの電子殻とよばれる軌道を高速で移動し，電子雲を形成している．図の窒素原子は，内側の電子殻に2個，外側の電子殻に5個の電子をもつ．

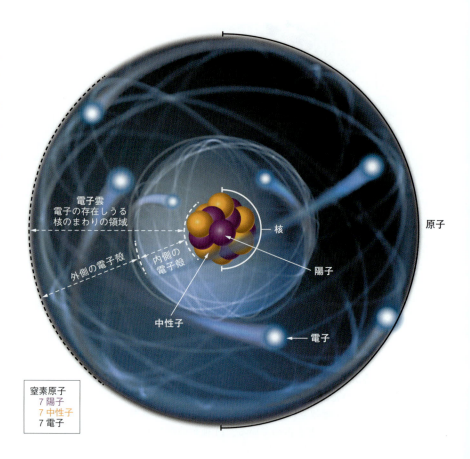

窒素原子
7 陽子
7 中性子
7 電子

窒素-15 同位体

同位体は中性子の数が異なる．たとえば，窒素-15（^{15}N）は，質量数が15（陽子7個＋中性子8個），窒素-13（^{13}N）は，質量数が13（陽子7個＋中性子6個）である

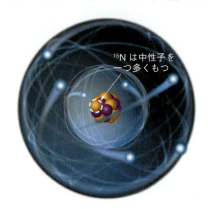

窒素イオン

イオンは電子の数が異なるため電荷をもつ．イオンを表すには，過剰な電子1個当たり−1，欠損している電荷1個当たり＋1としてイオン全体の電荷を，元素記号の右上につける．たとえばN^{3-}は，3個の過剰な電子をもつことを示す

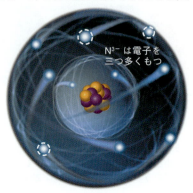

化学結合の種類

化学結合には複数の種類がある．

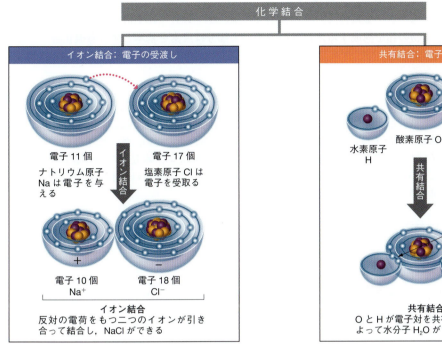

イオン結合は，ある原子から他の原子に電子を受渡すことによってできる．電子を受取った原子は負の電荷を，電子を与えた原子は正の電荷をもつ．こうしてできた反対の電荷をもつ2個のイオンが磁石のように互いに引き合い，結合する

共有結合は，ある原子が他の原子と電子を共有することによってできる．一つの結合は，それぞれの原子に由来する1対（2個）の電子からできている．共有される電子が1対の場合（単結合）1本の実線で，共有される電子が2対の場合（二重結合）2本の実線で書き表す（たとえば酸素 O＝O）

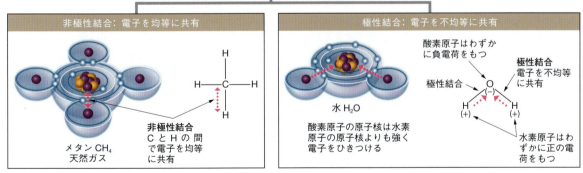

電子が2原子間で均等に共有されている共有結合を**非極性結合**，不均等に共有されている共有結合を**極性結合**という．極性結合では，電子が片方の原子により強くひきつけられている．そのため，結合の一方の端がわずかに正の電荷を，もう一方の端がわずかに負の電荷をもつ

コアアイデア
- 原子は，陽子，中性子，電子からできている．元素の種類は陽子の数，同位体は中性子の数，イオンの状態およびその化学的性質は電子の数によって決まる．
- 化学結合には，電子の受渡しによってできるもの（イオン結合）と，電子の共有によってできるもの（共有結合）がある．共有結合には非極性結合と極性結合がある．

2・3 生命を支える水と炭素

生命にとって**水**は不可欠である．最初の生命は水中に現れ，陸に上がるまでの何十億年もの間，水中で進化した．細胞の重量の大半を占めているのも水である．水は特有の化学構造に起因するいくつかの特性をもつ．生物の体を構成する水以外の分子の大部分は炭素を基本とする**有機化合物**である．

水中の水素結合
水分子を構成する酸素原子（O）と水素原子（H）は1対の電子を共有している．しかし，この共有は不均等である．電子は酸素原子の原子核により強くひきつけられている．そのため，酸素原子はわずかに負の電荷を，水素原子はわずかに正の電荷をもっている．この極性のため，水分子の酸素原子は近くの水分子の水素原子と引き合い，**水素結合**とよばれる弱い結合をつくる．水中には水分子間に形成された水素結合の大規模なネットワークが存在する．

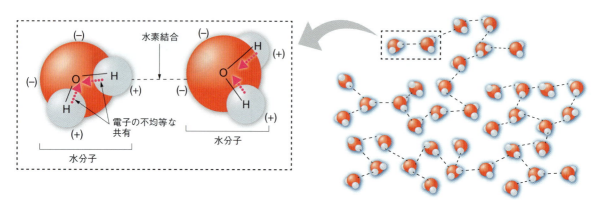

溶媒としての水
他の物質を溶かす化学物質を**溶媒**という．多くの液体は溶媒として働き，**溶液**という混合物をつくる．極性をもつ水は溶媒として飛び抜けて優れている．たとえば食塩水では，水分子がナトリウムイオンと塩化物イオンを取囲んで塩の結晶を壊し，水に溶かしている．細胞内では，水の極性により多くの物質が溶液の状態に保たれ，いつでも利用できるようになっている．

水と温度調節
液体の水は温まりにくく冷めにくい．したがって，水は温度変化を緩和する．海洋があるおかげで，地球表面の温度は生物にとって生存可能な範囲に保たれている．また，われわれは汗をかいて皮膚の温度を下げ，体温を調節している．

表面張力
水素結合によって水分子は相互に引き合い，それによって水の表面には張力が発生する．

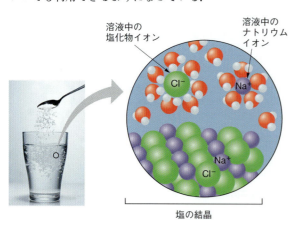

有機化合物の炭素骨格

炭素原子でできた基本骨格をもつ化合物を**有機化合物**という．炭素骨格の長さや分岐パターンはさまざまで，なかには端がつながって環状になったものもある．炭素は最大四つの原子と結合可能であり，大きくて，複雑に分岐した多様な骨格を形成することができる．

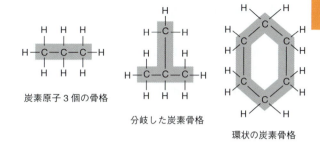

炭素原子3個の骨格　　分岐した炭素骨格　　環状の炭素骨格

官能基

炭素骨格についている原子の集団を**官能基**という．有機化合物の多くは官能基をもつ．官能基は化学反応にかかわり，それぞれの有機化合物の全体的な特性を決めていることも多い．

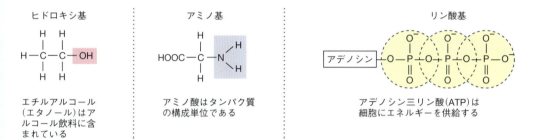

ヒドロキシ基
エチルアルコール（エタノール）はアルコール飲料に含まれている

アミノ基
アミノ酸はタンパク質の構成単位である

リン酸基
アデノシン三リン酸(ATP)は細胞にエネルギーを供給する

生物学的に重要な有機化合物

生物にとって特に重要な大きな有機化合物は，**炭水化物，脂質，タンパク質，核酸**の4種類である．これらは，ときとしてきわめて大きな化合物として存在する．

炭水化物

グルコース

グルコースはすべての細胞においてエネルギー源となる単糖である．炭水化物としては，セルロースのような食物繊維と，それ以外の糖質がある

脂質

コレステロール

コレステロールは血中を循環する脂質で，ステロイドホルモンの材料となる．脂質としては，脂肪を多く含むココナッツオイルなどがある

タンパク質

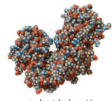

ヘキソキナーゼ

ヘキソキナーゼは化学反応を進める酵素の一つであり，ほとんどの細胞に存在する．タンパク質としては，ケラチンなど，多様なものがある

核酸

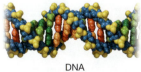

DNA

DNAはすべての生物が遺伝物質として用いる核酸である．核酸としては，DNAの情報を運搬するRNAなどもある

コアアイデア
- 水分子は極性をもち，水素結合のネットワークを形成する．この特性が生命を支えている．
- すべての生物は有機化合物を豊富に含んでいる．有機化合物は炭素骨格をもち，そこに官能基が結合することもある．炭水化物，脂質，タンパク質，核酸は生命にとって重要な有機化合物である．

2・4 生体高分子

ヒトの体重の大半は水であり，残りの大半は**高分子**，すなわち複雑な構造をとることのできる大きな分子である．高分子の多くは小さな基本単位の繰返しでできており，複雑さにかかわらず，それらの構造を理解するのは決してむずかしいことではない．高分子の構造と機能は種類によって異なるが，それらを組立てたり壊したりする際の化学反応には類似点がある．

加水分解反応

細胞内の高分子のほとんどは**単量体**（モノマー）とよばれる小さな分子がたくさんつながってできた**重合体**（ポリマー）である．重合体は**加水分解反応**によって，それを構成する単量体へと分解される．そのさいには，水分子を分割することによって生じた原子が単量体を切り離すのに使われる（右の図の破線で囲った部分に注目）．

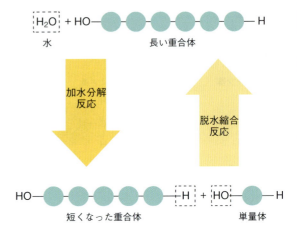

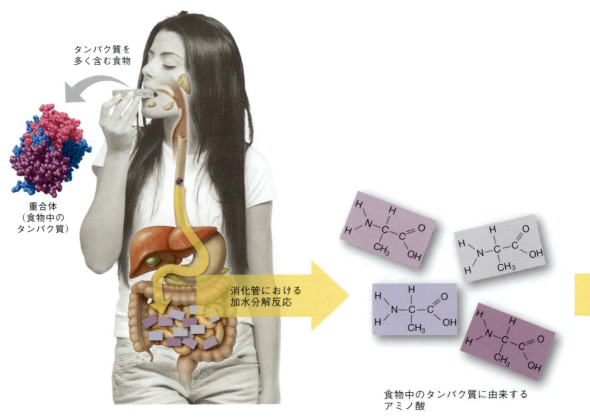

脱水縮合反応

脱水縮合反応とよばれる化学反応によって単量体がつながり，重合体が長くなる．単量体が新たに一つ追加されるたびに，単量体由来の水素原子（H）と，別の単量体由来のヒドロキシ基（OH）が除かれる（右図の破線で囲った部分に注目）．その結果，水分子（H_2O）が一つ放出され，二つの単量体の間に新たな化学結合が生じる．脱水縮合反応（重合体を組立てる反応）は，加水分解反応（重合体を壊す反応）の逆反応である．

代謝

体の中で行われるすべての化学反応の総体を**代謝**という．重要な代謝反応の多くは重合体の分解や合成にかかわる．消化管は摂取した高分子（たとえば，ピーナッツバターに含まれるタンパク質）を，それらを構成している単量体（タンパク質の構成要素であるアミノ酸）へと分解する．これらの単量体は，新たな重合体を組立てるための材料として使われる（たとえば，新たな筋タンパク質の合成）．

> **コアアイデア**
> - 高分子（巨大分子）の多くは，単量体が脱水縮合反応によってつながってできた重合体である．重合体は，加水分解反応によって，単量体へと分解される．

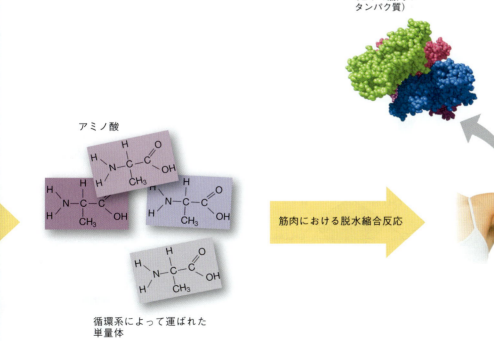

2・5 炭水化物

炭水化物は，糖および糖がつながってできた高分子である．セルロースのような植物の体の重要な構成成分は**食物繊維**とよばれ，その他の炭水化物は**糖質**とよばれる．糖質は動物にとって一般的な栄養素である．

単 糖

単糖は炭水化物の基本単位である．すべての炭水化物は，一つまたは複数の単糖からできている．最も一般的な単糖であるグルコースとフルクトースは原子の種類と数は同じで，配置が異なる**異性体**である．

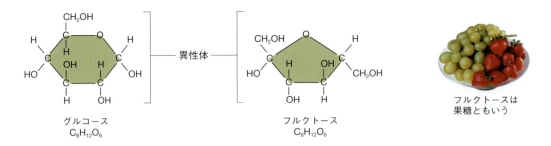

フルクトースは果糖ともいう

二 糖

二糖は二つの単糖が脱水縮合反応によって結合したものである．たとえばグルコースとフルクトースが結合するとスクロースができる．そのさい一つの水分子が放出される．多くの糖の名前の最後には"オース(-ose)"がつく．

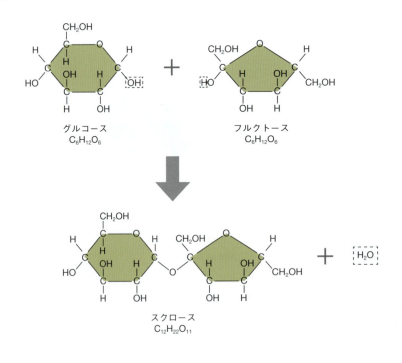

一般的な二糖

ラクトース
乳糖ともいう

マルトース
麦芽糖ともいう

スクロース
砂糖の主成分

多 糖

多糖は多数の単糖がつながって長い鎖となった複雑な炭水化物である．代表的な4種類の多糖を示す．これらはすべてグルコースの単量体がつながってできている．

デンプン

植物は合成した余分な糖の一部をデンプンとして貯蔵する．デンプンは，長く，ねじれた枝分かれのないグルコースの鎖からできている．多くの動物がデンプンを食べ，エネルギー源としている

セルロース

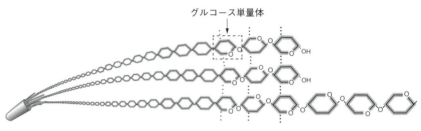

セルロースは，植物細胞壁をつくるケーブル状の繊維であり，植物の体のかなりの部分を占める．セルロース分子は化学結合によって束ねられた多数の長くまっすぐなグルコースの鎖からできている．セルロースは木材のおもな構成成分であり，食物に含まれる"食物繊維"でもある

グリコーゲン

グリコーゲンは枝分かれしたグルコース分子の鎖からできている．多くの動物は，過剰な糖をグリコーゲン顆粒として肝臓や筋肉の細胞に一時的にたくわえておき，必要に応じて利用する

キチン

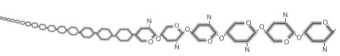

キチンは，節足動物（昆虫やクモなど）の外骨格や多くの菌類に含まれる炭水化物である．セルロースに似ているが，グルコース単量体に窒素を含む付属物がついている

コアアイデア
- 炭水化物は一つまたは複数の単糖からできている．グルコースやフルクトースは単糖，スクロースは二糖，デンプンやセルロースは多糖である．

2・6 脂　　質

脂質の種類はさまざまであるが，共通する性質がある．すべての脂質は**疎水性**である．つまり，水とは混ざり合わない．サラダドレッシングのサラダ油（脂質）と酢（おもに水）は，通常分離しており，激しく振ってもまた分離する．脂質はいくつかの種類に分類され，身近なものも多い．

サラダ油と酢

トリアシルグリセロール

食物中の脂質の大部分は**トリアシルグリセロール**（トリグリセリドともいう）である．トリアシルグリセロールは，グリセロールに3本の長い脂肪酸鎖（尾部）が結合したものである．炭素と水素でできたこの脂肪酸鎖は，多くのエネルギーをたくわえている．そのため脂肪分の多い食物は高カロリーである．過剰に摂取したカロリーは脂肪組織（体脂肪）にトリアシルグリセロールとしてたくわえられる．

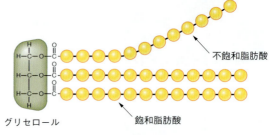

飽和脂肪

飽和脂肪のもつ脂肪酸の尾部には結合可能な最大数の水素がついており，単結合しかない．そのため，飽和脂肪の尾はまっすぐに伸びており，密集しやすく，室温で固体のものが多い．飽和脂肪は動物性の食品に多く含まれており，どちらかというと健康に悪い．

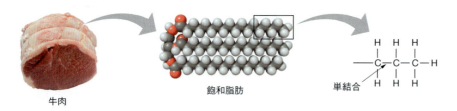

> **トランス脂肪**
> 水素添加という製造工程によって不飽和脂肪を固体にできる．そのさい**トランス脂肪**という自然界には存在しない不飽和脂肪が生じることがある．トランス脂肪は，心臓病，糖尿病，高血圧のリスクを高める．したがって，米国ではトランス脂肪の含有量を食品ラベルに明確に表示することが義務づけられている（訳注：日本では，2018年現在，食品中のトランス脂肪に関する規制や表示義務はない）．
>
>
>
> 油で揚げたファストフードには，トランス脂肪が含まれている可能性がある

不飽和脂肪

不飽和脂肪のもつ脂肪酸の尾部には二重結合が存在する．そのため，不飽和脂肪は曲がったりねじれたりしており，密集しにくく，室温で液体のものが多い．不飽和脂肪は植物油や魚油に多く含まれており，一般に健康によいとされている．

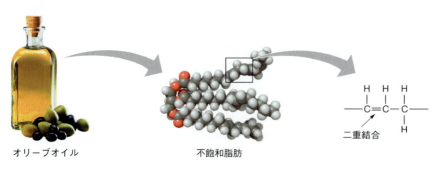

リン脂質

細胞を取囲む膜は細胞内外への物質の行き来を調節するうえで重要である．その膜は**脂質二重層**，すなわち**リン脂質**とよばれる分子が2層に重なってできている．リン脂質は親水性の頭部にあるリン酸基一つと2本の長い疎水性の尾部をもつ．脂質二重層の内部には多くのタンパク質が浮かんでいる．

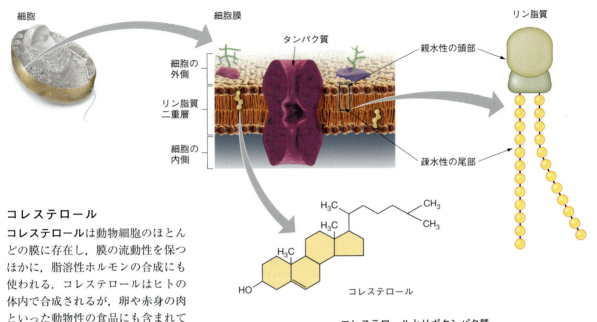

コレステロール

コレステロールは動物細胞のほとんどの膜に存在し，膜の流動性を保つほかに，脂溶性ホルモンの合成にも使われる．コレステロールはヒトの体内で合成されるが，卵や赤身の肉といった動物性の食品にも含まれている．コレステロールはステロイドの一種である．ステロイドは，おもに炭素でできた環を四つもつ脂質である．

コレステロールとリポタンパク質

略称	正式名称	別名	健康との関係
LDL	低密度リポタンパク質	悪玉コレステロール	心臓病のリスクを高める
HDL	高密度リポタンパク質	善玉コレステロール	心臓病のリスクを下げる

ステロイドホルモン

体内では，コレステロールから性ホルモンであるエストロゲンやテストステロンをはじめとするさまざまな**ステロイドホルモン**が合成される．アナボリックステロイド（筋肉増強剤の一種）は人工的に合成されたテストステロン類似物質である．テストステロンと同様，筋肉を増大させるが，危険な副作用もある．

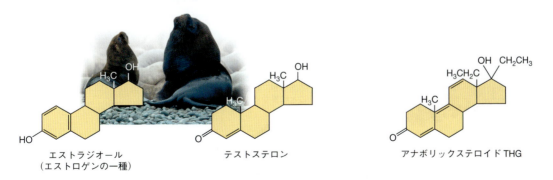

コアアイデア
- 脂質は疎水性の有機化合物で，食物脂肪（トリアシルグリセロール）には飽和脂肪と不飽和脂肪がある．一般に不飽和脂肪は飽和脂肪より健康によい．
- リン脂質は細胞膜の主要な成分であり，コレステロールは細胞膜にも存在し，またステロイドホルモンの材料ともなる．

2・7 タンパク質

われわれの体にとって重要な生体高分子のなかで，**タンパク質**ほど多様なものはない．タンパク質は，それぞれの機能に応じた固有の構造および形をもつ．

タンパク質の構造

タンパク質は，**アミノ酸**の単量体が多数つながってできた重合体である．タンパク質を構成するアミノ酸は全部で20種類ある．どのようなアミノ酸がどのような順序で並ぶかはタンパク質の種類ごとに異なり，その並びがタンパク質の全体的な構造を決める．

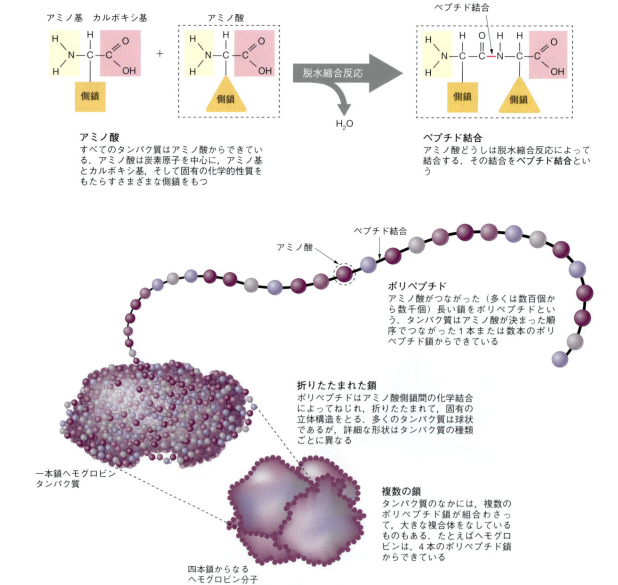

アミノ酸
すべてのタンパク質はアミノ酸からできている．アミノ酸は炭素原子を中心に，アミノ基とカルボキシ基，そして固有の化学的性質をもたらすさまざまな側鎖をもつ

ペプチド結合
アミノ酸どうしは脱水縮合反応によって結合する．その結合を**ペプチド結合**という

ポリペプチド
アミノ酸がつながった（多くは数百個から数千個）長い鎖をポリペプチドという．タンパク質はアミノ酸が決まった順序でつながった1本または数本のポリペプチド鎖からできている

折りたたまれた鎖
ポリペプチドはアミノ酸側鎖間の化学結合によってねじれ，折りたたまれて，固有の立体構造をとる．多くのタンパク質は球状であるが，詳細な形状はタンパク質の種類ごとに異なる

複数の鎖
タンパク質のなかには，複数のポリペプチド鎖が組合わさって，大きな複合体をなしているものもある．たとえばヘモグロビンは，4本のポリペプチド鎖からできている

一本鎖ヘモグロビンタンパク質

四本鎖からなるヘモグロビン分子

タンパク質の機能

タンパク質はきわめて多様な機能を遂行する．体の中で起こっているほとんどのできごとには何らかのタンパク質が関与している．図は動物の体内でのタンパク質の機能のごく一部を示している．それぞれのタンパク質は固有の形をもち，その形が固有の機能をもたらしている．図では，異なるポリペプチド鎖を異なる色で表している．

構造
ケラチンは毛髪，皮膚，爪，毛皮の重要な構成成分である

輸送
赤血球のヘモグロビンは血液の流れにのって酸素を体全体へと運ぶ

酵素
ラクターゼは消化系で働き，ラクトースを分解する

防御
抗体は免疫系で働く．異物に結合し，破壊の目印となる

運動
アクチンは筋肉の収縮にかかわるタンパク質の一つである

タンパク質の形と機能

タンパク質を構成するアミノ酸の配列がタンパク質の形と機能を決める．アミノ酸の並び方がわずかに変化（変異）しただけで，タンパク質の本来の機能が失われることもある．たとえば，ヘモグロビンのあるポリペプチドを構成する146個のアミノ酸のうちのたった1個が変化しただけで，タンパク質が正しく折りたたまれなくなる．このタンパク質は本来の機能を果たすことができず，鎌状赤血球貧血をひき起こす．

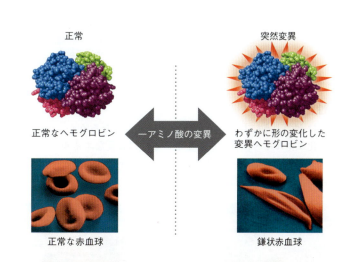

正常 — 正常なヘモグロビン
突然変異 — わずかに形の変化した変異ヘモグロビン
←アミノ酸の変異→
正常な赤血球
鎌状赤血球

コアアイデア
- タンパク質はアミノ酸がペプチド結合でつながってできた重合体である．タンパク質は，生命にかかわるほとんどの仕事を行っている．タンパク質の形は種類ごとに異なり，それぞれのタンパク質の機能を決めている．

2・8　酵素と化学反応

細胞の中では膨大な種類の分子が，**酵素**の助けを借りて，化学反応を介してたえず作用し合っている．酵素は自身が変化することなく化学反応を加速するタンパク質である．細胞の中には，ある特定の化学反応を促進する特異的酵素が存在する．

酵素と基質
酵素は**基質**とよばれる決まった標的分子を認識する（基質特異性という）．基質は**活性部位**とよばれる酵素表面の特定の場所に結合する．活性部位は基質に合った形をしており，基質は活性部位に，手袋にはまる手のようにぴったりとはまる．基質が結合すると，酵素は特定の化学反応を触媒（促進）する．たとえば，ラクターゼという酵素はラクトース（乳糖）をグルコースとガラクトースに分解する．酵素は化学反応の前後で変化せず，何度も繰返し働くことができる．

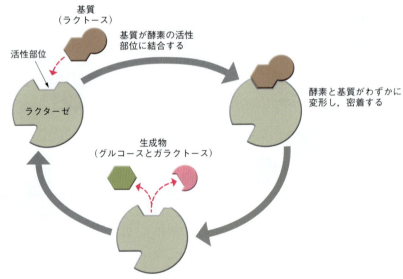

活性化エネルギー
酵素はどのようにして化学反応を加速するのだろうか．**活性化エネルギー**は化学反応を進めるのに必要なエネルギーである．酵素は活性化エネルギーを低下させることによって，反応の進行を速める．

低いバーを越えるにはエネルギーは小さくてよい．酵素は，いわば，反応に必要なエネルギーを低下させて，バーを低くする

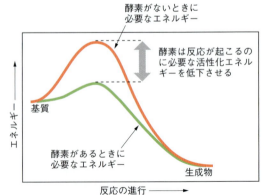

酵素阻害剤

細胞は，必要のないときに基質と反応して生成物をつくらないように，酵素の機能を停止させることがある．**酵素阻害剤**は酵素に結合し，酵素が働かないようにする分子である．

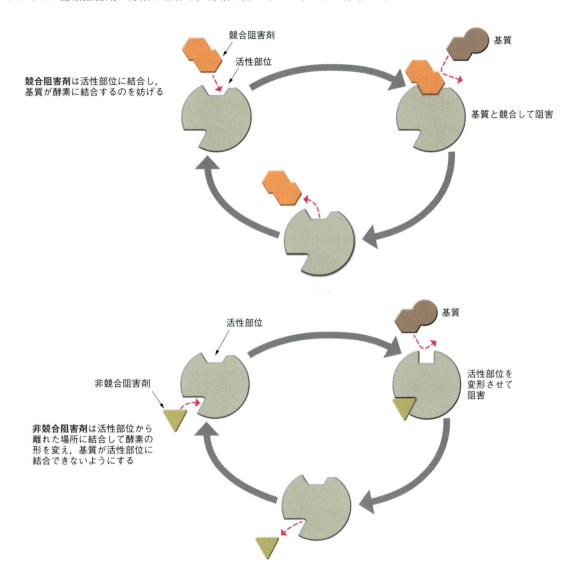

競合阻害剤は活性部位に結合し，基質が酵素に結合するのを妨げる

非競合阻害剤は活性部位から離れた場所に結合して酵素の形を変え，基質が活性部位に結合できないようにする

機能は形に従う

タンパク質である酵素が機能するためにはその形が重要である．右のコンピューター画像は，ラクターゼの実際の形を表している．ある種の突然変異は，正常にラクトースを分解できないラクトース不耐症をひき起こす．それらのなかには，この酵素の形を変え，ラクトースを分解できないようにしていると考えられるものがある．

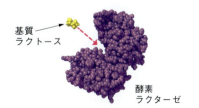

コアアイデア
- 酵素は活性化エネルギーを低下させることによって化学反応を加速する．酵素は活性部位に結合した基質を生成物に変える．酵素阻害剤は，酵素の働きを阻害する分子である．

3・1 細　　胞

あらゆる生物は**細胞**でできている．細胞こそ生命とよぶにふさわしいすべての活動を営むことができる最小単位である．細胞は，比較的単純なつくりの**原核細胞**とより大きく複雑な**真核細胞**に大別される．原核生物，すなわち細菌（バクテリア）とアーキアは，単一の原核細胞でできた単細胞生物である．一方，原生生物や菌類，動物や植物といった真核生物は，真核細胞でできている．真核生物には，単細胞生物もいれば多細胞生物もいる．たとえば，ヒトはおよそ37.2兆個の真核細胞でできた多細胞生物である．

	原核細胞	真核細胞
大きさ	約 0.2〜2 µm	約 5〜200 µm
細胞小器官	なし	膜に囲まれた多様な小器官がある
進化の歴史	35億年前に出現	21億年前に原核生物から進化
ゲノム DNA	核様体として細胞質に存在	核膜に囲まれた核内に存在
個体のつくり	単細胞	単細胞または多細胞
例	細菌，アーキア	動物，菌類，植物，原生生物
	らせん菌／アーキアの一種 メタン生成菌	タマネギ表皮細胞／ヒト肺細胞

原核細胞の構造

原核生物は単一の原核細胞でできた単純な生物であり，35億年以上の歴史をもつ．

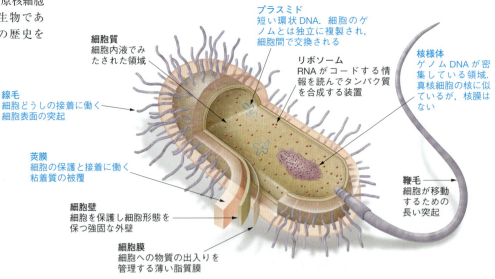

細菌の模式図（青字は原核生物の特徴）

- 細胞質：細胞内液でみたされた領域
- プラスミド：短い環状DNA．細胞のゲノムとは独立に複製され，細胞間で交換される
- リボソーム：RNAがコードする情報を読んでタンパク質を合成する装置
- 核様体：ゲノムDNAが密集している領域．真核細胞の核に似ているが，核膜はない
- 線毛：細胞どうしの接着に働く細胞表面の突起
- 莢膜：細胞の保護と接着に働く粘着質の被覆
- 細胞壁：細胞を保護し細胞形態を保つ強固な外壁
- 細胞膜：細胞への物質の出入りを管理する薄い脂質膜
- 鞭毛：細胞が移動するための長い突起

コアアイデア

- 細胞は，単純で小さな原核細胞（細菌とアーキア）と，細胞小器官を備えた大きな真核細胞（動物，菌類，植物，原生生物）とに大別される．
- 核，小胞体，ミトコンドリアなどの細胞小器官は，動物細胞と植物細胞の両方にある．一方，リソソームは動物細胞に，葉緑体と細胞壁と中心液胞は植物細胞にしかない．

真核細胞の構造

真核細胞は，ゲノム DNA を格納する**核**をもち，**細胞質**には生体膜に囲まれた種々の**細胞小器官**や細胞構造がある．細胞小器官の多くは動物細胞と植物細胞の両方に備わっているが，どちらか一方にしかないものもある．

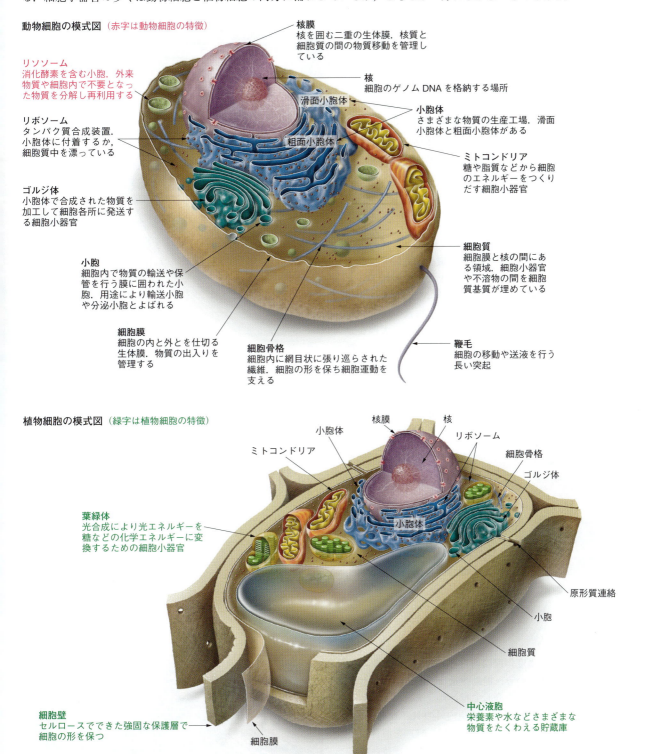

動物細胞の模式図（赤字は動物細胞の特徴）

- **核膜**：核を囲む二重の生体膜．核質と細胞質の間の物質移動を管理している
- **核**：細胞のゲノム DNA を格納する場所
- 滑面小胞体
- **小胞体**：さまざまな物質の生産工場．滑面小胞体と粗面小胞体がある
- 粗面小胞体
- **ミトコンドリア**：糖や脂質などから細胞のエネルギーをつくりだす細胞小器官
- **細胞質**：細胞膜と核の間にある領域．細胞小器官や不溶物の間を細胞質基質が埋めている
- **鞭毛**：細胞の移動や送液を行う長い突起
- **リソソーム**：消化酵素を含む小胞．外来物質や細胞内で不要となった物質を分解し再利用する
- **リボソーム**：タンパク質合成装置．小胞体に付着するか，細胞質中を漂っている
- **ゴルジ体**：小胞体で合成された物質を加工して細胞各所に発送する細胞小器官
- **小胞**：細胞内で物質の輸送や保管を行う膜に囲まれた小胞．用途により輸送小胞や分泌小胞とよばれる
- **細胞膜**：細胞の内と外とを仕切る生体膜．物質の出入りを管理する
- **細胞骨格**：細胞内に網目状に張り巡らされた繊維．細胞の形を保ち細胞運動を支える

植物細胞の模式図（緑字は植物細胞の特徴）

- 核膜，核，リボソーム，細胞骨格，ゴルジ体
- 小胞体，ミトコンドリア，小胞体
- **葉緑体**：光合成により光エネルギーを糖などの化学エネルギーに変換するための細胞小器官
- 原形質連絡
- 小胞
- 細胞質
- **細胞壁**：セルロースでできた強固な保護層で細胞の形を保つ
- 細胞膜
- **中心液胞**：栄養素や水などさまざまな物質をたくわえる貯蔵庫
- 隣接する細胞の細胞壁

3・1

3・2　生体膜の構造と機能

変動する外部環境のなかで細胞内環境を定常状態に保てないと,細胞は死んでしまう.**細胞膜**は,細胞内と外環境を仕切る薄い膜で,細胞に出入りする物質の通過を制限し,細胞内環境を守っている.細胞膜をはじめとする**生体膜**は,タンパク質が埋込まれたしなやかな脂質膜で,特定の条件で特定の物質だけを通過させる.この**選択的透過性**が領域間の物質の移動を制御している.生体膜を挟んだ物質の輸送には,**受動輸送**と**能動輸送**がある.

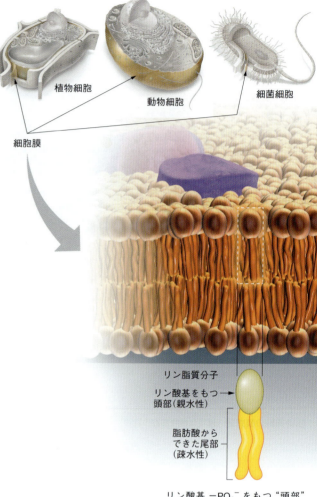

受動輸送

物質は濃度の高い領域から低い領域へと拡散し移動する.細胞エネルギーを消費することなく拡散により生体膜を通過するのが受動輸送である.なかでも,酸素(O_2)のように脂質膜を透過しやすい物質の移動を**単純拡散**という.一方,脂質膜を透過できない大きな分子や極性分子は,輸送体とよばれる膜貫通タンパク質を介して選択的に生体膜を通過できる.これを**促進拡散**とよぶ.輸送体のうち物質の通り道を開閉できるものを**チャネル**という.水が生体膜を通過することを**浸透**とよぶが,これもおもに水チャネルを介して行われる.

能動輸送

生体膜を挟んだ濃度勾配に逆らって物質を移動するしくみを能動輸送という.能動輸送は一般にポンプとよばれる膜タンパク質を介して行われ,細胞エネルギーが消費される.たとえば,細胞内外の Na^+ と K^+ イオン濃度差は,ATP(アデノシン三リン酸)を消費して両イオンを運ぶ**イオンポンプ**の働きにより維持されている.

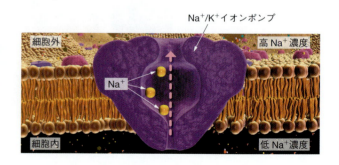

細胞膜の構造

細胞膜は，おもにリン脂質と膜タンパク質からできている．リン脂質は**脂質二重層**を形成し，そこにタンパク質が埋込まれている．膜の平面上では分子が自由に移動できるため，多様なタンパク質がさながら氷山のようにリン脂質の"海"に漂っている．このような膜構造は**流動モザイクモデル**とよばれる．

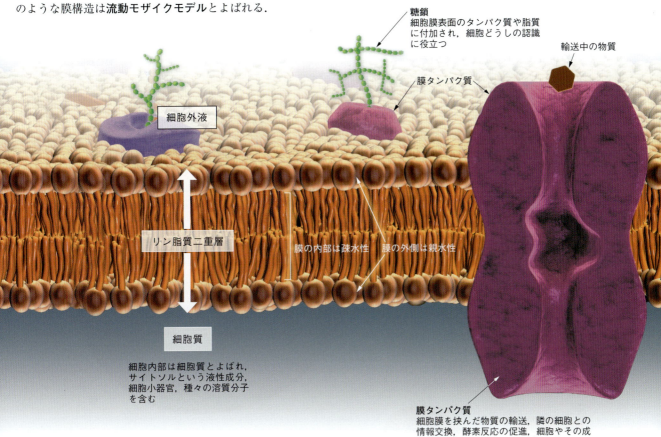

糖鎖 細胞膜表面のタンパク質や脂質に付加され，細胞どうしの認識に役立つ

輸送中の物質

膜タンパク質

細胞外液

リン脂質二重層

膜の内部は疎水性　膜の外側は親水性

細胞質
細胞内部は細胞質とよばれ，サイトソルという液性成分，細胞小器官，種々の溶質分子を含む

膜タンパク質
細胞膜を挟んだ物質の輸送，隣の細胞との情報交換，酵素反応の促進，細胞やその成分の固定など，機能はさまざまである

エンドサイトーシスとエキソサイトーシス

細胞は細胞外物質を細胞膜が陥入して生じるエンドソームという袋に取込んで細胞内に輸送する．これを**エンドサイトーシス**という．一方，細胞外に分泌する物質は分泌小胞に詰め込まれて細胞表面まで運ばれ，開口分泌によって細胞外に放出される．これを**エキソサイトーシス**という．

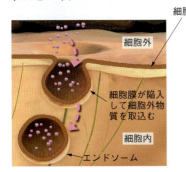

細胞膜／細胞外／細胞膜が陥入して細胞外物質を取込む／細胞内／エンドソーム

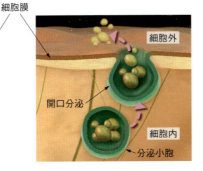

細胞外／開口分泌／細胞内／分泌小胞

コアアイデア

- 細胞を包む細胞膜はリン脂質二重層とそこに漂う膜タンパク質でできている．
- 細胞膜は細胞に出入りする物質の移動を管理するなど，重要な機能を担う．
- 濃度勾配に従って物質が移動する受動輸送はエネルギーを必要としない．濃度勾配に逆らって物質を移動させる能動輸送ではエネルギーが消費される．
- 細胞はエンドサイトーシスによって細胞外物質を取入れ，エキソサイトーシスによって分泌物を放出する．

3・3 核と染色体

原核細胞と真核細胞の最大の違いは，後者が生体膜に囲われた細胞小器官を備えている点である．細胞小器官のなかでもひときわ重要なのが**核**である．核には，細胞のゲノムDNAが染色体として格納されている．細胞を工場に例えるなら，核は作業司令室のようなもので，細胞内のさまざまな機能が核からの司令により調節されている．

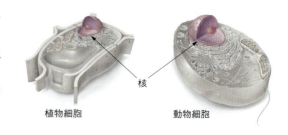

植物細胞　　動物細胞　　核

核

植物細胞や動物細胞のような真核細胞には核がある．核内には，直鎖状のDNA（デオキシリボ核酸）とそれに付随する一群のタンパク質からできた**染色体**が何本か収められている．染色体は，細胞の分裂期に観察される構造で，非分裂期（間期）には**クロマチン**とよばれる緩んだ繊維状の形態をとっている．核DNAは細胞のDNAの大部分を占めており，その配列情報をもとにタンパク質がつくられる．このとき，DNAが直接タンパク質合成に用いられるわけではなく，その配列情報をもとにRNA（リボ核酸）がつくられ，RNA情報をもとに特定のタンパク質が合成される．したがって，細胞のさまざまな活動は，最終的に核内の情報によって調節されていることになる．

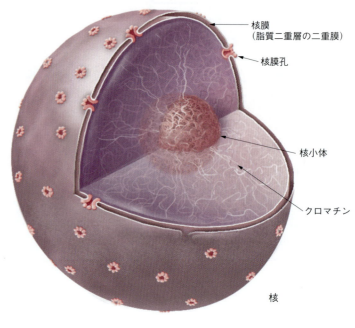

核膜（脂質二重層の二重膜）
核膜孔
核小体
クロマチン
核

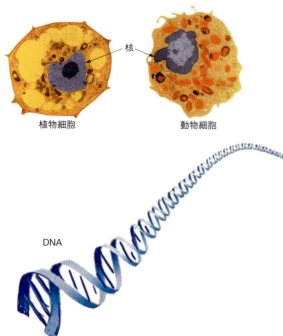

植物細胞　　動物細胞

DNA
ヌクレオソーム ヒストンタンパク質にDNAが巻きついている
繊維状のクロマチン

28

核　膜

核は**核膜**とよばれる二重の生体膜により囲われている．核膜は核内に出入りする物質の移動を管理していて，**核膜孔**（核孔ともいう）を介してRNAなどの特定の分子だけを通過させる．

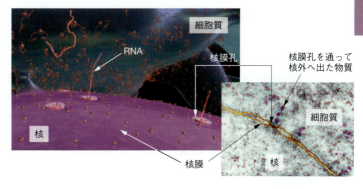

核小体

核小体はリボソームRNA（rRNA）の合成が行われている領域である．複数の染色体上にrRNA合成を指令するDNA領域がある．タンパク質合成が盛んな細胞ではrRNA合成も盛んであり，1個から数個の顕著な核小体がみられる．rRNAは核膜孔を通って細胞質へと送られた後，一群のタンパク質と会合することで，タンパク質合成装置であるリボソームができあがる．

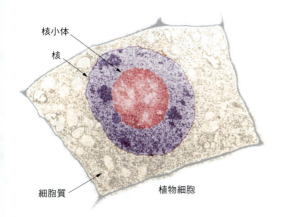

染色体

間期の細胞の核内ではDNAがヒストンというタンパク質のまわりに巻かれて，クロマチンとよばれる繊維状の形態をとっている．細胞分裂の際にはクロマチンがコイル状に堅く巻かれることにより太い染色体として観察される．ヒトの細胞には22対の常染色体と2本の性染色体，合計46本の染色体がある．

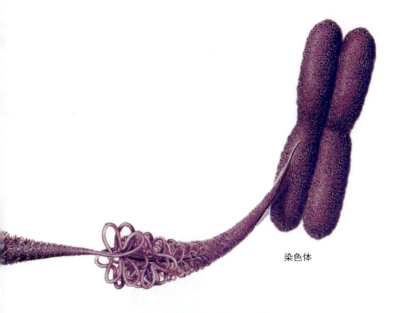

コアアイデア

- 核膜に囲われた核内には，DNAを含む染色体が存在している．染色体DNAからの指令により細胞の活動が営まれている．RNAなどの物質は，核膜孔を通って核外の細胞質へと移動する．

3・4　タンパク質の生産にかかわる細胞小器官

真核生物の核内にあるDNAは，細胞機能を司る司令塔である．一方，細胞で営まれるさまざまな機能の実務にはDNAそのものは直接たずさわっていない．DNAは，機能的タンパク質の生産を指示することで細胞機能を制御している．タンパク質の生産や修飾や細胞内輸送には，いくつかの細胞小器官が重要な役割を担っている．

植物細胞

動物細胞

タンパク質生産の流れ

タンパク質の生産は核から始まる．核ではDNA情報をもとにメッセンジャー**RNA**（**mRNA**）が合成される．この過程を**転写**という．mRNAはタンパク質合成を指示する指令を細胞質へと運ぶ．細胞質では，リボソームが，mRNAに記録された情報をもとに，タンパク質を組立てる．この過程を**翻訳**という．

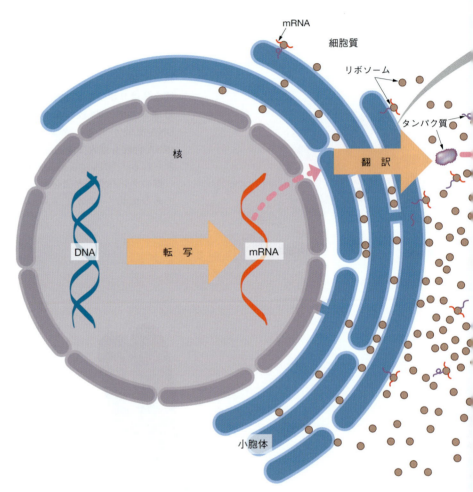

小胞体

小胞体は，生体膜でできた袋がつながってできた運河のような細胞小器官である．小胞体は，核膜とつながる一方で，細胞膜近傍まで伸びている．**滑面小胞体**は脂質合成にかかわる酵素群をもち，ステロイドホルモンなどをつくっている．**粗面小胞体**の表面にはリボソームが点々と付着していて，分泌タンパク質や膜タンパク質を合成している．リボソームの付着によって外観がでこぼこして粗く見えるため，粗面小胞体と名づけられた．

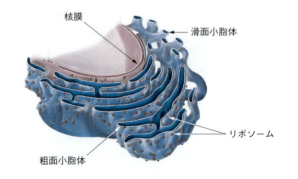

リボソーム

リボソームは翻訳装置である．翻訳では，mRNAが核からもち出した情報をもとに，特定のタンパク質が合成される．リボソームは，粗面小胞体の表面に付着しているか細胞質中に漂っている．

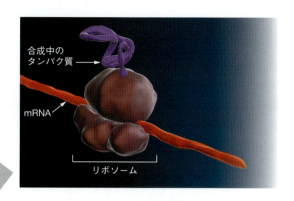

ゴルジ体

粗面小胞体表面のリボソームにより合成されたタンパク質の一部は**ゴルジ体**へと運ばれる．ゴルジ体は生体膜でできた袋が並んだ細胞小器官で，タンパク質の修飾，保管，仕分け，発送を行う．ゴルジ体には方向性があり，新生タンパク質を含む輸送小胞を特定の方向から受取り，修飾・加工して完成したタンパク質を分泌小胞に詰めて反対の方向へと放出する．

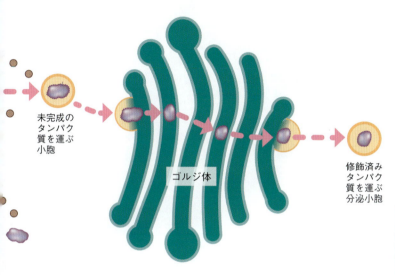

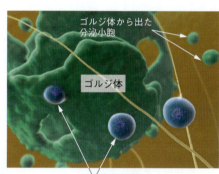

小 胞

生体膜でできた**小胞**は，輸送小胞，分泌小胞としておもに物質の細胞内輸送に用いられる．また，小胞の一種である**リソソーム**は，内包する消化酵素の働きにより，食物分子や古くなった細胞成分，および取込んだ細菌などを消化する．

コアアイデア
- 核のDNAは，タンパク質生産を通じて細胞の活動を司っている．mRNAは転写によって核内で合成され，細胞質へと運ばれて，リボソームによりタンパク質へと翻訳される．小胞体表面で合成されたタンパク質は，ゴルジ体で修飾を受け，小胞輸送される．

3・5　ミトコンドリアと葉緑体

生命の営みの原動力となるのは細胞エネルギーである．真核細胞で絶え間ないエネルギー供給を支えているのは，**ミトコンドリア**と**葉緑体**である．ミトコンドリアは動物細胞と植物細胞の両方にあり，葉緑体は植物細胞だけにある．どちらの細胞小器官も多重の膜をもつ．

ミトコンドリア

ミトコンドリアは細胞呼吸とよばれる一連の酵素反応を行い，真核細胞にエネルギーを供給している．細胞呼吸の過程では，糖や脂質分子から化学エネルギーを取出すために酸素（O_2）が消費される．取出されたエネルギーの多くはATP分子内の化学結合エネルギーとしてたくわえられる．ATPは，細胞の成長や物質生産などの細胞の活動にエネルギーを供給する．細胞呼吸の副産物として二酸化炭素（CO_2）と水（H_2O）および熱を生じる．

葉緑体

葉緑体は**光合成**を行う細胞小器官である．すべての植物細胞と一部の藻類にみられる．光合成では，太陽光のエネルギーを利用して糖分子がつくられる．糖は，細胞の活動のエネルギー源として利用されるほか，茎や葉などの植物組織に貯蔵される．光合成を行うには，水と二酸化炭素が必要である．また，生成物として酸素が生じる．光合成により生じた糖は，主要なエネルギー供給源として地球上の生態系を支えている．

コアアイデア
- ミトコンドリアは，糖分子などがもつ化学エネルギーをATPに変換する．このときO_2を消費して，CO_2と水を生じる．葉緑体は太陽光のエネルギーを捕捉して，糖分子内の化学エネルギーに変換する．このときCO_2と水を消費し，O_2を生じる．

3・6 その他の細胞構造

真核細胞にはほかにもいろいろな細胞小器官や細胞構造があり，物質の貯蔵，細胞運動，細胞の形の維持など重要な機能を担っている．細胞小器官には，植物細胞と動物細胞の両方に存在するものもあれば，一方だけに存在するものもある．

液胞

液胞は，栄養や水の貯蔵などを行う大小さまざまな袋状の構造体である．植物細胞には，巨大な中心液胞がある．原生生物の細胞から水を排出する収縮胞も液胞の一種である．

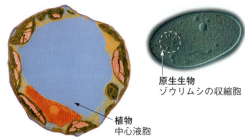

原生生物ゾウリムシの収縮胞

植物中心液胞

鞭毛と繊毛

鞭毛は，精子の尾部のように長く伸びた運動器官で，鞭打ち運動により細胞の移動や送液を行う．**繊毛**は，鞭毛より短くて数が多く，協調して往復運動をする．

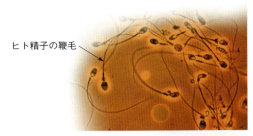

ヒト精子の鞭毛

細胞壁

植物と菌，および一部の原生生物の細胞は，細胞膜の外側を覆う堅い**細胞壁**をもつ．動物細胞には細胞壁がない．植物細胞の細胞壁はセルロースという多糖の繊維でできていて，細胞を保護し，細胞の形を保っている．

細胞壁
細胞壁をつくるセルロース繊維
葉緑体
葉の断面

気管の上皮細胞がもつ繊毛は異物を粘液とともに運び排出する

細胞骨格

動物細胞の形は，**細胞骨格**が支えている．細胞骨格は細胞内に張り巡らされたタンパク質繊維であり，細胞を物理的に支持し，細胞内輸送の足場ともなる．細胞骨格の分解と再構築により，細胞は形を変えることができる．

細胞外基質

動物細胞は，粘着質の**細胞外基質**を生産して，細胞どうしをつなぎ止めるのに利用している．たとえば，筋繊維を束ねているのも細胞外基質である．細胞外基質は細胞膜のすぐ外側にあり，おもにコラーゲンという繊維タンパク質網でできている．

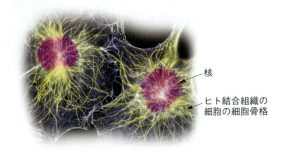

核
ヒト結合組織の細胞の細胞骨格

ヒトの骨の細胞どうしをつなぐ細胞外基質

コアアイデア
- 細胞内外にあるいろいろな構造が細胞の形や運動などの営みを支えている．

4　4・1　生物とエネルギー

地球上のほとんどすべての生物は，最終的に太陽から**エネルギー**を得ている．植物は光合成によって太陽光のエネルギーを，糖に含まれる化学的なエネルギーに変換し，貯蔵する．そのエネルギーは，生物の呼吸によってさまざまな生命活動に利用され，熱も放出される．この熱も，生態系の一部となっている．生態系を観察すると，このようなエネルギーの流れを観察することができる．

生産者

生態系のなかで安定したエネルギー供給源は太陽である．**生産者**は太陽光エネルギーを吸収し，糖や他の分子に変換し，化学エネルギーとして蓄積する．こうして，生産者は，食物を自身で生産する．また，生産者は，太陽光を直接利用できない他の生物の餌となる．生態系はその全体が生産者に依存している．陸上植物や，海草や藻類などの水生原生生物，光合成細菌などが生産者である．

光合成

生産者は，**光合成**によって，太陽光エネルギーを化学エネルギーに変換する．光合成の原料は二酸化炭素（CO_2）と水（H_2O）である．植物や藻類の細胞内では，細胞小器官の**葉緑体**が，光エネルギーを用いて二酸化炭素と水から，糖と有機分子を生産する．光合成の生成物である酸素（O_2）は，大気中に放出される．

消費者

ヒトを含めて，多くの生物は光合成ができないので，自身で直接エネルギーを生み出せない．その代わりに，光合成を行う生産者を餌とすることで，糖や他の分子を獲得し，エネルギーを得ている．われわれは，植物や，植物を食べた動物を摂取しているので**消費者**とよばれる．消費者には動物や菌類，微小な原生生物などが含まれる．爬虫類の場合，体温調節に太陽光を使っているため，同サイズの哺乳類に比べ，10％程度の食物で生きていける．

動物

菌類

原生生物

ミトコンドリア

細胞呼吸

ATP 分子

細胞呼吸

生産者も消費者も，すべての生物は糖などに変換して蓄積した化学エネルギーを**細胞呼吸**により消費する．細胞呼吸の原料は糖と酸素である．ほとんどすべての真核生物が細胞質や**ミトコンドリア**内の酵素で糖を分解する．糖分解時に放出されるエネルギーにより，多くの ATP（アデノシン三リン酸）が合成される．細胞は ATP をエネルギー源として利用し，さまざまな細胞活動に使っている．細胞呼吸では，二酸化炭素と水が生じ，環境中に放出される．二酸化炭素と水は，生産者により再び光合成の原料として利用される．

> **コアアイデア**
> - 生態系では，太陽光がエネルギーの源となる．生産者は太陽光エネルギーを使って光合成を行い，糖を生産する．消費者は，生産者を摂取することでエネルギーを得ている．生産者も消費者も，どちらの細胞も，細胞呼吸を行い，糖を分解してエネルギーを得ている．

4・2 光合成の2段階

生産者は，太陽光のエネルギーを利用して**光合成**を行い，二酸化炭素（CO_2）と水（H_2O）から糖を生産し，副産物として生じる酸素（O_2）を大気中に放出する．植物細胞内では，**葉緑体**とよばれる細胞小器官の中で光合成が行われる．光合成は二つの段階を経て進行する．まず，**明反応**により太陽光を集光し，高いエネルギーをもつATP（アデノシン三リン酸）を生み出す．次に，**カルビン回路**では，ATPを利用し，二酸化炭素から糖を生産する．

光合成

光合成は，葉緑体内で，薄い袋状の**チラコイド**が重なった構造体である**グラナ**で進行する．植物は根から水を吸収し，葉の裏側に多い**気孔**から二酸化炭素を取込み，それらを使って光合成を行う．

クロロフィル

葉緑体にある**クロロフィル**は，光を吸収する分子である．チラコイド膜上に存在するクロロフィルは，青/紫色光とオレンジ/赤色光を選択的に吸収する．緑/黄色光は吸収されないので，植物は緑に見える．

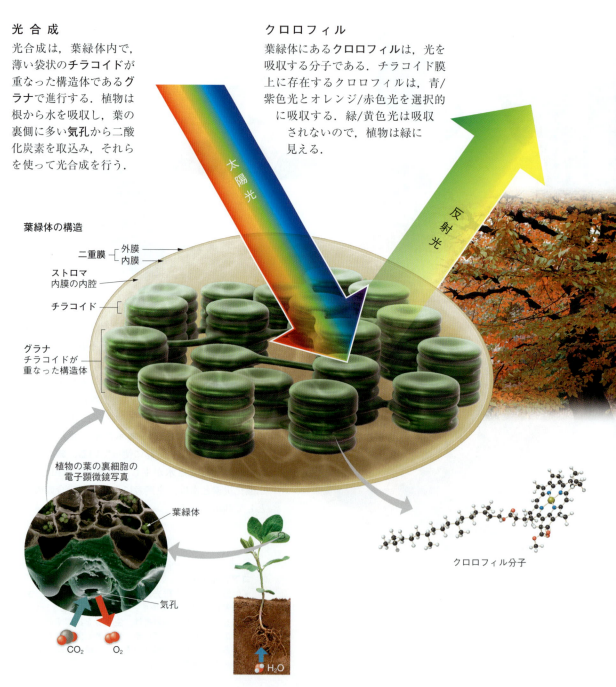

第1段階：エネルギーを取込む明反応

チラコイド膜では，クロロフィルが太陽光を吸収し，エネルギーを獲得する．このエネルギーにより，水分子が分解され，酸素と高エネルギーの電子（H^+）が生成される．この高エネルギー電子により，$NADP^+$が NADPH に変換され，エネルギーが蓄積される（NADP はニコチンアミドアデニンジヌクレオチドリン酸，NADPH はその還元型）．太陽光のエネルギーは，高エネルギーの ATP 分子をつくるのにも用いられている．このように，明反応では，太陽光エネルギーを ATP と NADPH というかたちで蓄積する．

第2段階：糖を生成するカルビン回路

明反応により，高エネルギー生成物として電子（NADPH のかたちで）とエネルギー（ATP のかたちで）が生成される．これらのエネルギーを用いて，葉緑体の内腔であるストロマで，カルビン回路を経由し，二酸化炭素から糖がつくられる．この糖から，ほとんどの細胞でエネルギー源として利用される**グルコース**（$C_6H_{12}O_6$）が合成される．

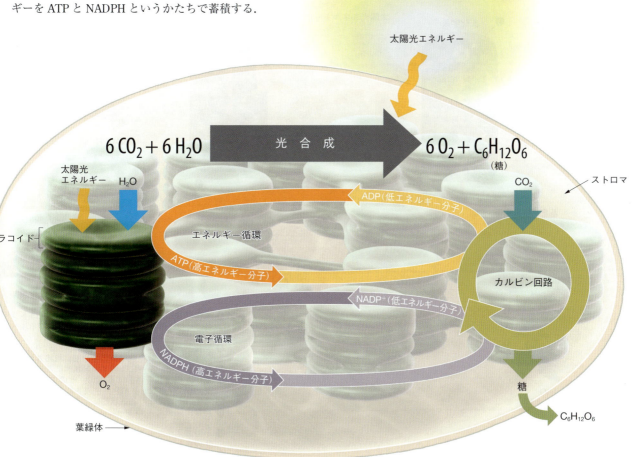

第1段階と第2段階のリンク

明反応とカルビン回路は，エネルギーと電子のやりとりを介して密接に相互作用している．NADPH は，低エネルギー状態の $NADP^+$ から生成され，エネルギーを蓄積する．ATP は，低エネルギー状態の ADP（アデノシン二リン酸）から生成され，エネルギーを蓄積する．

コアアイデア
- 光合成は二つの段階により進行する．1) 明反応では，太陽光エネルギーを化学エネルギーに変換する．2) カルビン回路により化学エネルギーを糖に変換する．

4・3　光合成における糖の生成

植物は太陽光を捕捉して，**光合成**によってそのエネルギーを糖分子中に化学エネルギーとしてたくわえる．光合成は2段階で進行する．最初は太陽光のエネルギーを必要とするので，**明反応**とよばれる．ここでは，チラコイド膜に含まれる**光化学系**において高エネルギーの電子が生じ，それによってATPとNADPHが生成する．第2段階は**カルビン回路**で，ここで糖が生成される．

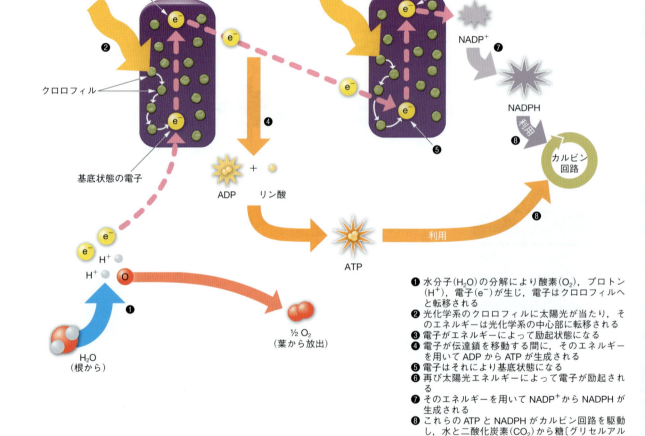

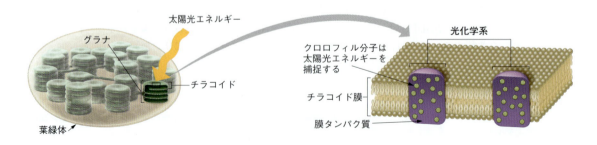

カルビン回路の原材料

葉緑体のストロマでは,明反応の生成物(ATPとNADPH)と大気からの二酸化炭素(CO_2)を利用して,糖の生成を行う.

カルビン回路の生成物

カルビン回路では,グリセルアルデヒド3-リン酸(G3P)とよばれる三炭糖が生成する.G3Pは葉緑体外に出てグルコースの生成に利用される.

コアアイデア
- 明反応では,光化学系における反応で,太陽光エネルギーから高エネルギーのATPとNADPHが生成される.
- カルビン回路では,ATPやNADPHと二酸化炭素から光合成産物として糖がつくられる.この糖は,植物の体内で,さまざまな用途に利用される.

4・4 細胞呼吸によるエネルギーの生成

われわれが呼吸をし食事をとるのは**細胞呼吸**の原材料を得るためである．呼吸によって大気から得られる酸素（O_2）と食事に含まれるグルコースは，細胞のATPの生成に必須である．生成されたATPはあらゆる生物のエネルギー源となる．細胞呼吸は，細胞質における解糖系と，細胞小器官であるミトコンドリアにおけるクエン酸回路および電子伝達系という過程を経る．それぞれの段階で高エネルギーのATP分子が生成される．細胞呼吸の結果，二酸化炭素（CO_2）と水（H_2O）が生成し，これらは体から放出される．

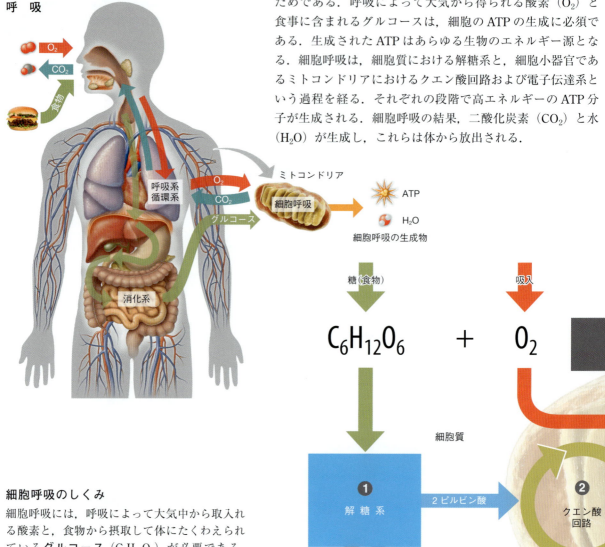

細胞呼吸のしくみ

細胞呼吸には，呼吸によって大気中から取入れる酸素と，食物から摂取して体にたくわえられている**グルコース**（$C_6H_{12}O_6$）が必要である．細胞呼吸は好気呼吸ともよばれる．細胞呼吸は以下の3段階に分けられる．

❶ 細胞質内で解糖が起こる．**解糖系**では，グルコース1分子から2分子のピルビン酸がつくられる．また，ATPと高エネルギー電子をもつNADHも生成される．

❷ ミトコンドリアで**クエン酸回路**（クレブス回路ともいう）が駆動し，ピルビン酸は二酸化炭素に分解され，細胞から放出される．同時に，ATPと高エネルギー電子をもつNADH，$FADH_2$が合成される．

❸ 最後に，NADH，$FADH_2$がもつ高エネルギー電子がミトコンドリア内膜にある**電子伝達系**内を移動する．その間にADPとリン酸からATPが合成される．その電子は酸素と結びつき，水が生成物として生じ，放出される．

（NADはニコチンアミドアデニンジヌクレオチド，FADはフラビンアデニンジヌクレオチドの略）

エネルギー循環と ATP

食物中の糖に含まれる化学エネルギーは直接に細胞が使うエネルギーとはならない．化学エネルギーは，**ADP**（アデノシン二リン酸）というリン酸基が二つついた分子に，もう一つのリン酸基を結合して **ATP**（アデノシン三リン酸）を生成するのに用いられる．細胞が ATP を分解して ADP にするときに，大きなエネルギーが放出され，細胞の種々の活動に用いられる．ATP はエネルギーの獲得と利用の間を行き来するシャトルのような働きをしている．

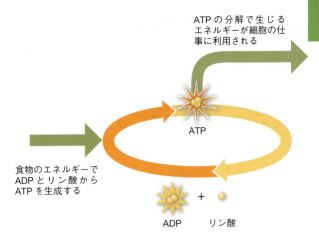

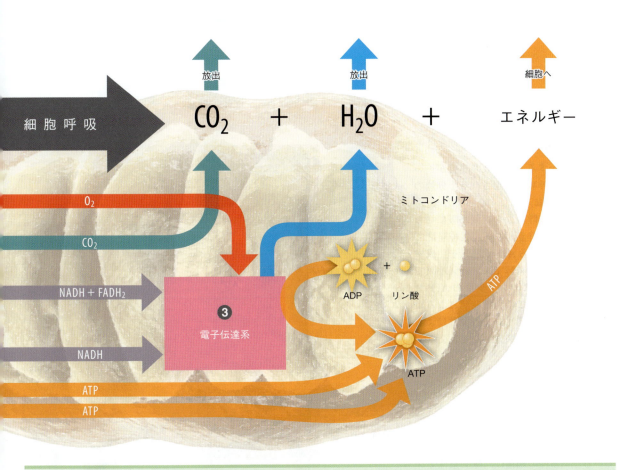

コアアイデア
- われわれが摂取する酸素とグルコースは細胞呼吸の原材料となる．
- 細胞呼吸の三つの段階，解糖系，クエン酸回路，電子伝達系では，化学エネルギーである ATP を合成し，二酸化炭素と水を生じる．

4・5 発酵と物質代謝

細胞呼吸，特に電子伝達系による大量のATPの生成は酸素（O_2）を必要とするので，**好気呼吸**とよばれる．一方，多くの生物の細胞は，酸素の非存在下でもATPを産生するしくみを備えていて，その過程は**嫌気呼吸**とよばれる．嫌気呼吸におけるATPの生成効率は好気呼吸ほどよくはないが，生物によっては嫌気呼吸が主要なエネルギー獲得の手段である．好気呼吸の原料となる食物は，グルコース（$C_6H_{12}O_6$）のみではなく，脂質やアミノ酸も，いろいろな形で細胞呼吸の経路に取込まれる．

嫌気呼吸

グルコースは，解糖系で2分子のピルビン酸に分解される．その過程で，NAD^+は電子を受取り，NADHになる．また，ピルビン酸の分解は酸素存在下で効率的に進むが，酸素がないような状況でも**発酵**によりエネルギーを生み出すことができる．発酵は生物種によりさまざまなタイプがあり，最終生成物も異なるが，いずれの場合でも，NAD^+が再生し，解糖系で再利用されるところは共通している．

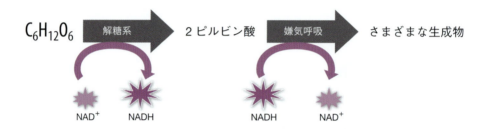

ヒトの筋肉内での乳酸発酵

激しい運動をすると，呼吸の速度が追いつかず，好気呼吸で利用される十分量の酸素を細胞に取込めなくなってしまう．この場合，好気呼吸から嫌気呼吸に切り替わり，乳酸発酵が起こる．乳酸発酵では，グルコースからATPと乳酸を生成する．しかし，乳酸発酵では，好気呼吸でつくられるATPよりも，少量のATPしか生成できない．この乳酸発酵による嫌気呼吸の持続性は低く，乳酸発酵によるATP合成は，ほんの数分しかできない．

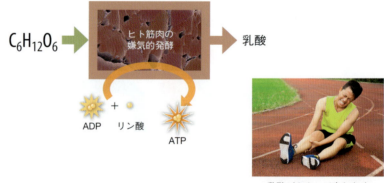

乳酸がたまって走れなくなったランナー

細菌による乳酸発酵

ヒトの筋細胞では嫌気呼吸は長く続けられないが，すべてのエネルギー生成を嫌気呼吸に頼っている微生物も多く知られている．ある種の細菌は，嫌気条件でグルコースを分解し，乳酸発酵を行う．このような細菌は，さまざまな発酵食品にも利用されている．

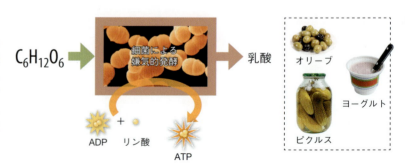

酵母によるアルコール発酵

酵母は，嫌気条件でアルコール発酵により，糖から二酸化炭素（CO_2）とエタノールをつくる．アルコール発酵はビールやパンづくりにも利用されている．パンをつくるときは，焼くときにアルコールは蒸発し，二酸化炭素によりパンが膨らむ．

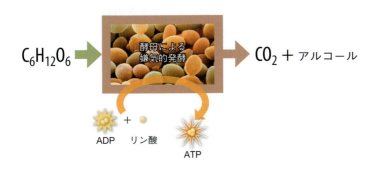

ビール

パン

エネルギーの供給源となる種々の食物

細胞呼吸の出発点となる物質としてグルコースを取上げてきたが，他の多くの食物，たとえば種々の糖，脂肪（脂肪酸），タンパク質（アミノ酸）なども細胞呼吸の経路に取込まれて，ATPの生成に寄与する．

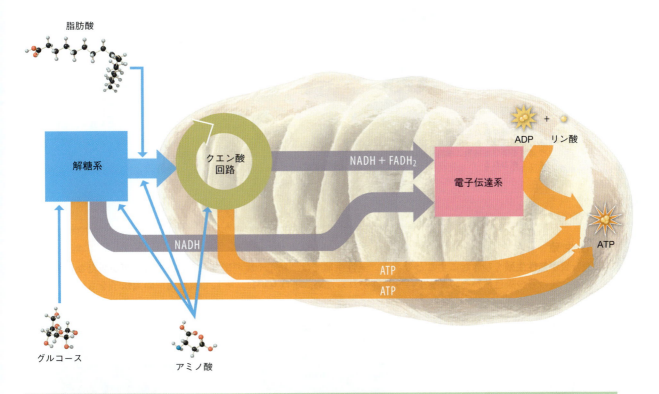

コアアイデア
- 発酵では，グルコースから生じるATPの数は細胞呼吸よりも少ないが，グルコースから嫌気的にエネルギーを生じることができる．ある種の微生物は，すべての生命活動のエネルギーを発酵に依存している．
- グルコース以外にも種々の糖，脂肪，タンパク質が細胞呼吸経路に入って，ATPの生成に寄与する．

5 染色体と遺伝

5・1 生殖と染色体

"すべての生命は細胞からできており，すべての細胞は既存の細胞から生じる"とする**細胞説**は，生物学の重要な基本概念の一つである．**細胞分裂**によって増殖する細胞の能力は，生殖を含むあらゆる生命プロセスを支えている．細胞分裂によって生じる2個の娘細胞は，互いに，そしてもとの親細胞と遺伝学的に同一である．細胞分裂に先だって染色体が複製され，それが分裂の過程で娘細胞に1組ずつ分配されるからである．**遺伝子**の大半（ヒトの場合約21,000）は，遺伝物質**DNA**を含むこの**染色体**の中にある．

有性生殖

遺伝学的に多様な子孫を生む生殖様式を**有性生殖**という．有性生殖の生活環には，**配偶子**の**受精**による**接合子**の形成，接合子の発生と成長など，細胞分裂を必要とする数多くの段階が存在する．

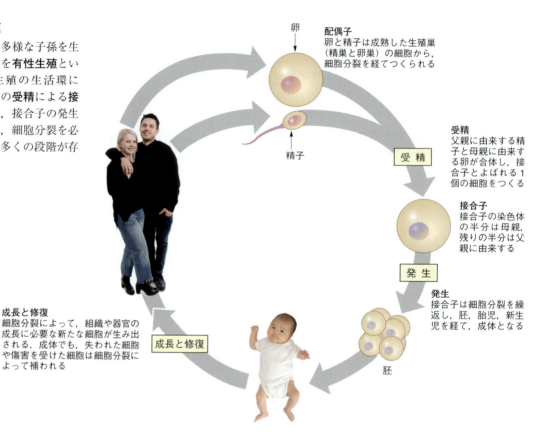

配偶子　卵と精子は成熟した生殖巣（精巣と卵巣）の細胞から，細胞分裂を経てつくられる

受精　父親に由来する精子と母親に由来する卵が合体し，接合子とよばれる1個の細胞をつくる

接合子　接合子の染色体の半分は母親，残りの半分は父親に由来する

発生　接合子は細胞分裂を繰返し，胚，胎児，新生児を経て，成体となる

成長と修復　細胞分裂によって，組織や器官の成長に必要な新たな細胞が生み出される．成体でも，失われた細胞や傷害を受けた細胞は細胞分裂によって補われる

無性生殖

細胞分裂が**無性生殖**をひき起こすこともある．無性生殖では，精子や卵の関与なしに，1個の親が新たな個体をつくる．親のもつ染色体がそのまま子に受け継がれるため，子は互いに，そして親と同一の遺伝子をもつ．

単細胞の原生動物，アメーバ *Amoeba proteus*．単細胞生物は二つに分裂することにより増殖する

イチゴ *Fragaria ananassa* のほふく枝．大半の植物は有性生殖を行うが，出芽（たとえばジャガイモの芽）やほふく枝の伸長による無性生殖が可能なものも多い

失われた腕（左）および体全体（右）を再生中のヒトデ *Linckia guildingii*．一部の動物は失った肢を再生できる．切り離した肢から体全体を再生するものもいる

染色体の数

すべての真核細胞はよく目立つ核をもち，その中に染色体を収納している．染色体の数は種ごとに決まっている．たとえば，精子と卵を除くヒトの体細胞は46本の染色体をもつ．染色体の数は生物の体の大きさや複雑さと必ずしも一致しない．

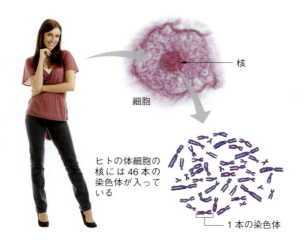

核

細胞

ヒトの体細胞の核には46本の染色体が入っている

1本の染色体

染色体数の比較

さまざまな種

78
56
50
46
20
8

0 20 40 60 80 100
体細胞の染色体数

染色体の構造

染色体は通常，**クロマチン**とよばれる細い繊維であるが，細胞分裂の準備期間に入ると複製（コピー）されて凝縮し，**姉妹染色分体**という1対の構造物になる．遺伝学的に同一な姉妹染色分体は，しばらくは**セントロメア**でつながっているが，細胞分裂の過程で分かれて，別べつの娘細胞に入る．

凝縮していない染色体

凝縮した染色体

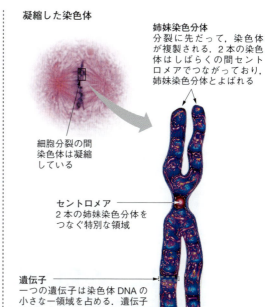

クロマチン
染色体は1本の非常に長いDNAにタンパク質が結合してできている．そのタンパク質はDNAをまとめて核の中に収める働きをする．このDNAとタンパク質の集合体を**クロマチン**とよぶ

ほぐれたクロマチン繊維

タンパク質のまわりに巻きついたDNA

クロマチン ─ タンパク質
         ─ DNA鎖

姉妹染色分体
分裂に先だって，染色体が複製される．2本の染色体はしばらくの間セントロメアでつながっており，姉妹染色分体とよばれる

細胞分裂の間染色体は凝縮している

セントロメア
2本の姉妹染色分体をつなぐ特別な領域

遺伝子
一つの遺伝子は染色体DNAの小さな一領域を占める．遺伝子には，タンパク質やRNAの合成に必要な情報が含まれている．1本の染色体には通常，数百個から数千個の遺伝子がある

コアアイデア
- 細胞分裂は，有性生殖における配偶子形成，胚から成体に至る発生，組織の成長や修復，さらに無性生殖といったさまざまな生命プロセスを支えている．
- 真核細胞の核には染色体が収納されている．染色体は，1本の長いDNAに，DNAをまとめる働きをするタンパク質が結合したものである．

5・2 細胞周期

体を構成しているすべての細胞は，もとからあった細胞が分裂してできたものである．細胞の一生（ライフサイクル）は，**細胞周期**という形で表される．細胞周期とは，親細胞の分裂によって生まれてから2個の細胞に分裂するまでの間に起こる，細胞の段階的な変化のことである．細胞周期は大きく**間期**と**分裂期**に分けられる．間期の細胞は通常の機能を果たし，染色体を複製する．分裂期の細胞は核を二つに分割し，複製を終えた染色体を新たな2個の娘細胞に分配する．

間 期

細胞の一生の大半（通常，細胞周期の9割程度）は間期である．間期の細胞は，通常の機能を果たす（たとえば，小腸の細胞は消化酵素をつくり，放出する）．間期には，細胞質や細胞小器官が増加し，細胞はおよそ2倍の大きさに成長する．染色体はほどけた状態を保っている．細胞分裂の準備期間に入ると，核の中で染色体が複製される．

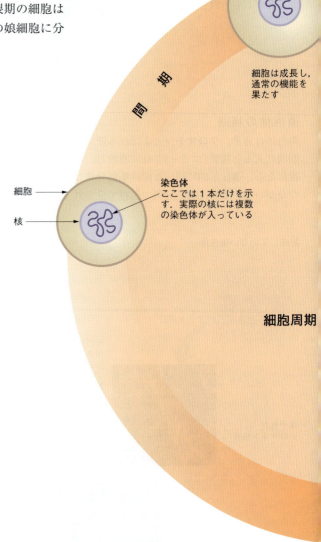

細胞は成長し，通常の機能を果たす

染色体
ここでは1本だけを示す．実際の核には複数の染色体が入っている

細胞
核

細胞周期

盛んに成長しているタマネギの根端の細胞

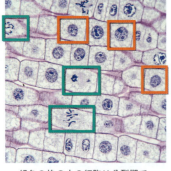

オレンジ色の枠の中の細胞は間期である．染色体は凝縮していない

緑色の枠の中の細胞は分裂期である．染色体が凝縮している

染色体の複製

間期にすべての染色体が複製される．分裂期に，各染色体の1コピーが1個の娘細胞に移動する．右の図は，核内の染色体（ヒトの場合46本）のうちの1本を表している．

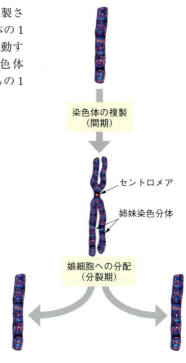

分裂期：核分裂と細胞質分裂

細胞が実際に分裂を行う時期を分裂期という．分裂期は一部重なった二つの時期に分けられる．**核分裂**（有糸分裂）の時期には核（および複製を終えた染色体）が，**細胞質分裂**の時期には細胞質が分かれ，2個の娘細胞に分配される．こうして遺伝学的に同一な2個の細胞が生まれ，新たな細胞周期が始まる．

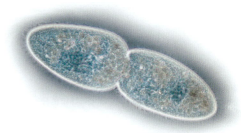

ゾウリムシ *Paramecium caudatum* の細胞質分裂

コアアイデア
- 細胞周期は，ある細胞が生まれ，分裂するまでの一連の変化をさす．細胞周期は大きく間期（細胞が成長し，染色体を複製し，分裂の準備を行う）と分裂期（核分裂と細胞質分裂が行われる）に分けられる．

5・3 核分裂と細胞質分裂

細胞周期のなかで最も重要な段階の一つは，染色体の複製と分配である．間期に複製を終えた染色体が**核分裂**の段階で整列し，二つに分かれる．紡錘糸が染色体に結合するので，核分裂は**有糸分裂**ともよばれる．核分裂に続いて**細胞質分裂**が起こる．細胞質分裂によって細胞質が分割され，二つの娘細胞ができる．

❶ **間期の初期**
染色体は凝縮しておらず，核全体に広がっている．細胞は通常の活動を行っている

❷ **染色体の複製**
間期が終わるまでに，すべての染色体が複製される．複製された染色体はセントロメアとよばれる構造で結合している．対をなすこれらを**姉妹染色分体**とよぶ

❸ **染色体の凝縮（前期）**
核膜が崩壊し，核分裂が始まる．染色体が凝縮し，固く巻かれた太く高密度な構造物に変化する．紡錘糸とよばれるタンパク質の繊維ができ始める

❹ **染色体の整列（中期）**
染色体（対になった姉妹染色分体）が細胞の赤道面に並ぶ．各染色体はそれぞれ異なる紡錘糸と結合する

❺ **染色体の分離（後期）**
紡錘糸が両極に向かって短縮し，2本の姉妹染色分体が反対方向に引っ張られていく

❻ **核の再形成（終期）**
染色体の二つのグループが細胞の両極に達すると，核膜の再形成が始まる．染色体は脱凝縮する．2個に増えた核のそれぞれが，もとの完全な染色体の組をもっている

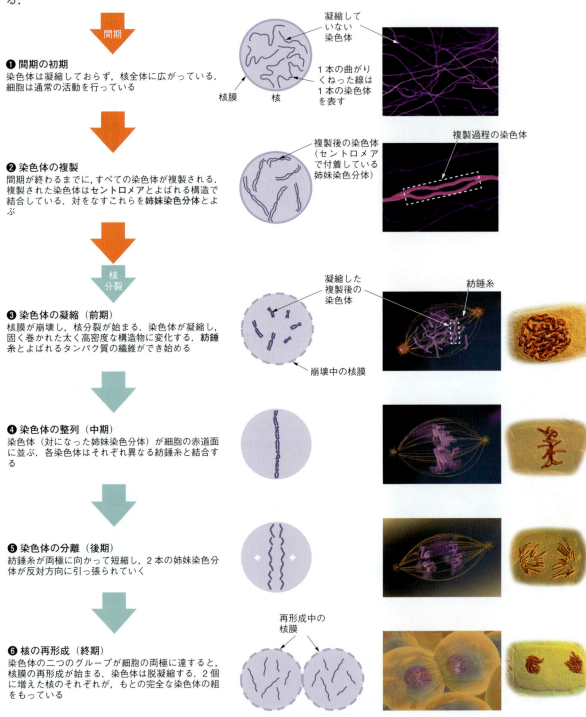

動物細胞の細胞質分裂

動物細胞ではまず，細胞の赤道にあたる位置に**分裂溝**とよばれるくびれが現れる．分裂溝の細胞膜の直下の細胞質にはタンパク質の繊維からなるリングができている．そのリングはパーカーのひものように収縮し，分裂溝を深くしていく．最終的に親細胞は二つにくびり切れる．

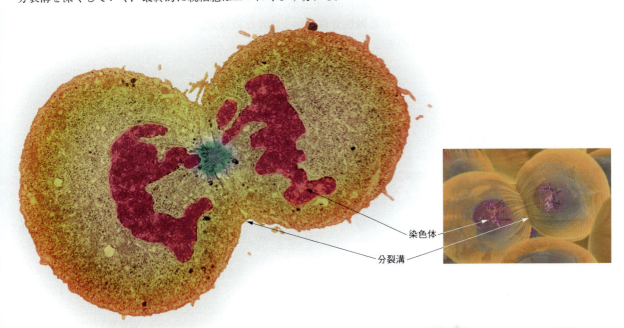

染色体
分裂溝

植物細胞の細胞質分裂

植物細胞は堅い細胞壁をもつ．そのため，細胞質分裂の様式も動物細胞とは異なる．植物細胞では**細胞板**が細胞質を分割する．細胞板とは，細胞を二分する位置に現れる，膜と細胞壁の材料からなる板状の構造である．細胞板はしだいに成長し，最終的に細胞膜と融合する．

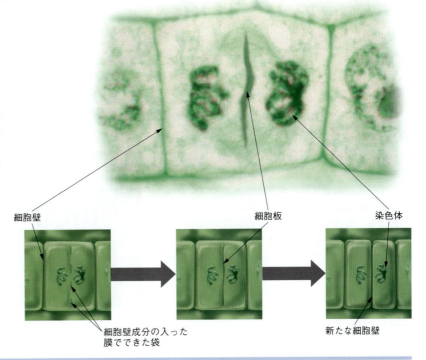

細胞壁
細胞板
染色体
細胞壁成分の入った膜でできた袋
新たな細胞壁

コアアイデア
- 核分裂では，複製を終えた染色体が凝縮し，細胞の中央部に1列に並ぶ．これらの染色体は，二つの娘細胞に分かれた後に脱凝縮する．
- 細胞質分裂は細胞周期の最終段階である．動物細胞では分裂溝が，植物細胞では細胞板が，細胞質を二つに分ける．

5・4　減数分裂と染色体数

すべての細胞は既存の細胞から生じるが，体を構成する細胞は，いかなる他人の細胞とも遺伝学的に異なる．このような多様性が生まれるのは，**配偶子**（精子と卵）の合体（**受精**）を伴う**有性生殖**が行われるからである．配偶子は，生殖巣で行われる**減数分裂**という特殊な細胞分裂を経てつくられ，一倍体（半数体），すなわち体細胞の半分の数の染色体をもつ．

ヒトの生活環

配偶子のもつ染色体は一組だけである．その状態を**一倍体**（nと略記）という．配偶子が合体してできる受精卵は，2組の染色体をもつ**二倍体**（$2n$と略記）である．受精卵は，ヒトの体を構成するすべての細胞の起原である．

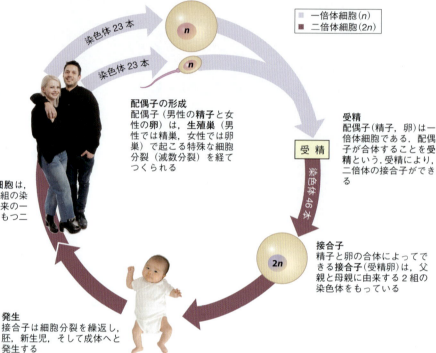

配偶子の形成
配偶子（男性の精子と女性の卵）は，生殖巣（男性では精巣，女性では卵巣）で起こる特殊な細胞分裂（減数分裂）を経てつくられる

受精
配偶子（精子，卵）は一倍体細胞である．配偶子が合体することを受精という．受精により，二倍体の接合子ができる

接合子
精子と卵の合体によってできる接合子（受精卵）は，父親と母親に由来する2組の染色体をもっている

発生
接合子は細胞分裂を繰返し，胚，新生児，そして成体へと発生する

成体
すべての**体細胞**は，母親由来の一組の染色体と父親由来の一組の染色体をもつ二倍体である

染色体の目録

ある個人の染色体の目録である**核型**は，分裂中の細胞の染色体を染色し並べて表示したものである．すべての染色体は，セントロメアでつながった2本の姉妹染色分体で構成されている．どの染色体にも，長さやセントロメアの位置が似たペアがある．それらを**相同染色体**という．ヒトの体細胞は，23対の相同染色体からなる46本の染色体をもつ．相同染色体の1本は母親から，もう1本は父親から受け継いだものである．相同染色体は99%以上同一であり，同じ形質を担う遺伝子が同じ順番で並んでいる．

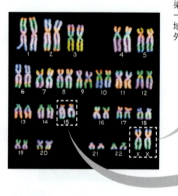

性染色体
ヒトの46本の染色体のうち2本は性を決定する**性染色体**である．女性の性染色体の対は完全に相同である（XX）．一方，男性の性染色体の対は一部の領域のみ相同である（XY）．性染色体以外の44本は**常染色体**とよばれる

ヒト女性のXX性染色体　　ヒト男性のXY性染色体

1対の相同染色体
セントロメア
姉妹染色分体

コアアイデア
- ヒトのすべての体細胞は，23対の相同染色体からなる46本の染色体をもつ．減数分裂によって，二倍体の体細胞から，一倍体の配偶子がつくられる．
- 減数分裂では，染色体が複製された後，二度の分裂が連続して起こり，染色体数がもとの半分になった4個の細胞ができる．

減数分裂

体細胞分裂と同様，減数分裂でも分裂開始前に染色体が複製される．ただし，減数分裂では細胞が2回分裂する（体細胞分裂では1回）ため，2倍になった染色体は半分ずつ娘細胞に分配された後，さらにもう1回半分ずつ分配される．こうしてもとの半数の染色体をもつ細胞ができる．

❶ 染色体が複製される
減数分裂の開始に先だって核の中で染色体が複製される．すべての染色体は，相同な対（相同染色体）をもつ．対の片方は母親（赤）から，もう片方は父親（青）からきたものである

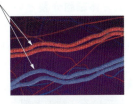

複製途中の母親由来の染色体（赤）と父親由来の染色体（青）

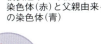

❷ 相同染色体が寄り添って並ぶ
減数分裂の最初の分裂を減数分裂Ⅰという．核膜が崩壊（減数分裂Ⅰ前期），染色体が凝縮し，相同染色体が，細胞の中央部に並ぶ（減数分裂Ⅰ中期）．このとき，相同染色体の間で，一部が交換されることがある

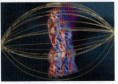

複製された染色体（2本の姉妹染色分体）
崩壊しつつある核膜
複製後の相同染色体対

❸ 相同染色体の対が離れる
相同染色体が離れ（減数分裂Ⅰ後期），細胞の反対側の極に向かって移動する．各染色体を構成する2本の姉妹染色分体はまだ接着している

❹ 細胞質分裂
核の再形成が始まる（減数分裂Ⅰ終期）．細胞が二つに分かれる（細胞質分裂）

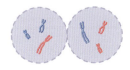

❺ 染色体が凝縮し，整列する
減数分裂Ⅰでできた2個の細胞のそれぞれで染色体（姉妹染色分体がセントロメアでつながっている）が凝縮し（減数分裂Ⅱ前期），細胞の中央部に整列する（減数分裂Ⅱ中期）

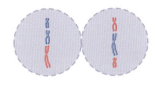

❻ 染色体が分離する
姉妹染色分体が分かれ，細胞の反対側の極に向かって移動する（減数分裂Ⅱ後期）

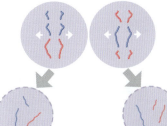
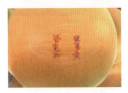

❼ 減数分裂Ⅱ 細胞質分裂
細胞質分裂によって細胞質が分割される．こうして染色体の数がもとの半分になった4個の娘細胞ができ，減数分裂Ⅱが終わる．核膜が再形成され，染色体が脱凝縮する（減数分裂Ⅱ終期）

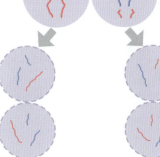

5・5　有性生殖と遺伝的多様性

有性生殖を行う生物は，明確に異なる2種類の細胞分裂を行う．完全な染色体の組をもつ同一の娘細胞（二倍体）をつくる細胞分裂を**体細胞分裂**という．体細胞分裂によって，生物は発生し，成長し，自身を修復する．半数の染色体をもつ遺伝学的に多様な配偶子（一倍体）をつくる細胞分裂を**減数分裂**という．減数分裂は有性生殖に関係している．精子と卵といった配偶子が合体（**受精**）することによって，遺伝学的に異なるさまざまな個体が新たに生じる．これら2種類の細胞分裂の違いをまとめたうえで，有性生殖がどのようにして生物の多様性を生み出すのかをみていこう．

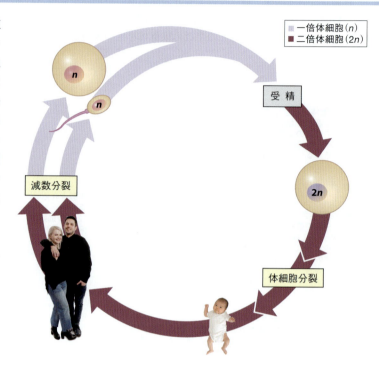

減　数　分　裂

どこで起こる？
生殖巣

いつ起こる？
男性では思春期から死ぬまで．女性では出生前から閉経期まで

何が起こる？
1個の二倍体細胞が染色体を複製して2回分裂．
一倍体の配偶子が4個できる

どのようにして起こる？
複製された染色体が二つに分割された後，
もう一度二つに分割される

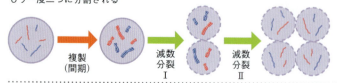

何ができる？
遺伝学的に固有の一倍体の配偶子

体　細　胞　分　裂

どこで起こる？
体を構成するすべての細胞（配偶子を形成する細胞を除く）

いつ起こる？
一生

何が起こる？
1個の二倍体細胞が染色体を複製して分裂．
二倍体細胞が2個できる

どのようにして起こる？
複製された染色体が1回の分裂で二つに分割される

何ができる？
遺伝学的に同一の二倍体細胞

ランダムな分配

減数分裂（配偶子形成の最初の細胞分裂）では，相同な染色体どうしが細胞中央部に並ぶ．しかし，母親由来の染色体（赤）と父親由来の染色体（青）がどの向きに並ぶかはランダムである．ヒトでは23対の相同染色体のそれぞれに関して2通りの並び方（赤/青と青/赤）がある．すなわち，配偶子に分配される染色体の組合わせは，800万（2^{23}）通り以上存在する．

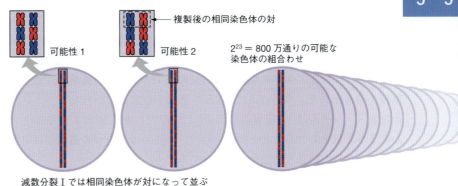

可能性1　可能性2　←複製後の相同染色体の対

2^{23} ＝ 800万通りの可能な染色体の組合わせ

減数分裂Ⅰでは相同染色体が対になって並ぶ

ランダムな受精

ヒトの配偶子は23対ある相同染色体のそれぞれからランダムに選ばれた23本の染色体をもつ．ランダムに選ばれた染色体をもつ配偶子が，同じくランダムに選ばれた染色体をもつ他の配偶子と受精する．接合子がもちうる46本の染色体の組合わせは膨大である．

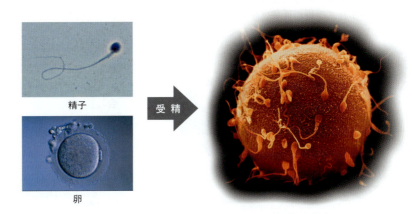

精子
卵
受精
精子，卵それぞれのもつ染色体の組合わせは800万通りあるうちの一つである

接合子
可能な染色体の組合わせは 800万×800万 ＝ 64兆通り存在する

乗換え

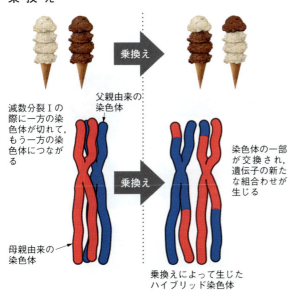

減数分裂Ⅰの際に一方の染色体が切れて，もう一方の染色体につながる

父親由来の染色体

乗換え

染色体の一部が交換され，遺伝子の新たな組合わせが生じる

母親由来の染色体

乗換えによって生じたハイブリッド染色体

減数分裂の過程で，相同染色体どうしが寄り添って並ぶ際に，母親由来の染色体と父親由来の染色体の間で，一部が交換されることがある．これを**乗換え**という．乗換えの結果，新たな遺伝子の組合わせが生まれ，それが子孫に伝えられることがある．

> **コアアイデア**
> - 染色体が複製され娘細胞に分配される点は，体細胞分裂も減数分裂も同じである．体細胞分裂では分裂が1回だけ起こり，二倍体細胞が生じる．一方，減数分裂では分裂が2回連続して起こり，一倍体の配偶子が生じる．
> - 有性生殖は遺伝的多様性を生む．ランダムな分配，ランダムな受精によって，染色体が混ぜ合わされ，乗換えによって，新たな遺伝子の組合わせをもつハイブリッド染色体がつくり出される．

5・6　遺伝の法則：分離の法則

ある世代から次の世代に形質が伝わることを**遺伝**とよび，遺伝に関する科学的研究を**遺伝学**という．遺伝学の歴史は，19世紀のメンデル（Gregor Mendel, 1822〜1884）の実験までさかのぼる．メンデルは，修道院の庭でエンドウを栽培し，数多くの遺伝の基本原理を導き出した．当時の人はDNAも遺伝子も知らなかったが，メンデルは，ある種の物質（メンデルは"遺伝可能な因子"とよんだ）が生殖によって変化することなく親から子へと伝えられることを突き止めた．ここでは，一つの遺伝子に着目して，親世代から子世代にどのように伝わるかをみてみよう．

メンデル

形質

遺伝学では通常，個体間で違いがあり，親から子へと受継がれる生物の性質，すなわち**形質**に注目する．下に示すのはメンデルが研究したエンドウの形質の例である．

形質を決める対立遺伝子

形質は遺伝子によって決まる．遺伝子は，染色体に含まれているDNAの一領域を占める遺伝の基本単位である．エンドウやヒトを含む多くの植物や動物は二倍体であり，遺伝子は母親と父親に由来する1対から構成されている．対をなすこれらの遺伝子を**対立遺伝子**という．対立遺伝子の型は，同一のこともあれば（**ホモ接合**），異なることもある（**ヘテロ接合**）．

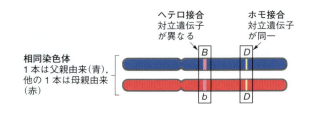

対立遺伝子の優性と劣性

ヘテロ接合の個体は，ある特定の形質にかかわる2種類の異なった対立遺伝子をもっている．その形質が対立遺伝子の片方のみによって決まっていることがある．このような対立遺伝子を**優性対立遺伝子**といい，大文字で表記する．もう片方の対立遺伝子は，子孫に受継がれたとしても目立った影響を与えない．このような遺伝子を**劣性対立遺伝子**といい，小文字で表記する．（訳注：優性は顕性，劣性は潜性ともいう．）

遺伝子型と表現型

表現型とは目に見える形や性質，**遺伝子型**とは表現型を決める遺伝子構成である．環境に加えて，遺伝子型が遺伝子の働きを介して表現形をもたらす．遺伝学の基本原則の一つである．

	花の色	種子の色	イヌの毛色	ヒトのそばかす
優性形質	P（紫色）	Y（黄色）	B（黒色）	F（あり）
劣性形質	p（白色）	y（緑色）	b（茶色）	f（なし）

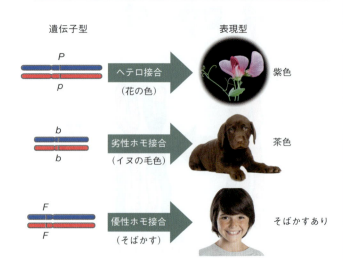

分離の法則

減数分裂によって配偶子がつくられる際には，対をなしていた対立遺伝子が分かれ，別べつの配偶子に入る．これを**分離の法則**という．どちらの対立遺伝子がどの配偶子に入るかは予測できない．そのため，母親のつくる2種類の配偶子と父親のつくる2種類の配偶子が混ざり合った際に起こりうるすべての可能性を考えなければならない．

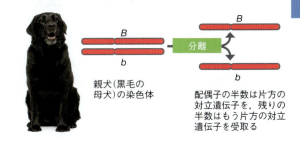

親犬（黒毛の母犬）の染色体

配偶子の半数は片方の対立遺伝子を，残りの半数はもう片方の対立遺伝子を受取る

一遺伝子雑種交雑

黒毛のラブラドールレトリバーを，茶毛のラブラドールレトリバーと交雑すると，子の毛色は何色だろうか．このような実験を**遺伝的交雑**という．親世代（P世代）から生まれる子を第一世代（F_1世代）とよぶ．この例のように1組の対立遺伝子（Bとb）に注目して行う交雑を**一遺伝子雑種交雑**という．両親の配偶子の遺伝子から生じる子の遺伝子の組合わせの確率は，**パネットの方形**とよばれる図で示される．この例では，黒毛が2枠，茶毛が2枠で，黒毛と茶毛の子が1：1の比で表れることが期待される．

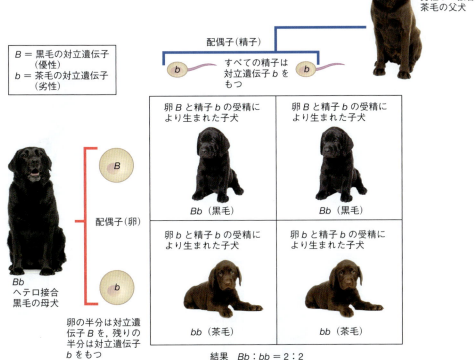

結果　$Bb：bb＝2：2$
表現型の比　黒毛：茶毛 ＝ 1：1

コアアイデア

- 生物の形質（表現形）は，遺伝子の構成（遺伝子型）によって決まる．形質の多くは，両親から受け継いだ1対の遺伝子によって決まる．その型（対立遺伝子）は，同一のこともあれば（ホモ接合），異なることもある（ヘテロ接合）．
- 対をなす遺伝子は配偶子が形成される際に分離し，次の世代で合わさる．これを分離の法則という．パネットの方形を用いて，遺伝的交雑により生じる子孫を予測することができる．

5・7　遺伝の法則: 独立の法則

エンドウの種子の色と種子の形というような二つの形質に注目して交雑を行うと，それぞれの形質を担う遺伝子は独立に分離する．これを**独立の法則**という．これもパネットの方形から理解される．一方，二つの遺伝子が同じ染色体上にある場合は，それらの遺伝子に基づく形質は必ずしも独立に遺伝せず，一緒に受継がれる．この現象を**連鎖**という．連鎖遺伝子は減数分裂に際して**遺伝的組換え**を起こすことがある．

独立の法則

ある形質の遺伝は，他の形質の遺伝には影響しない．これを独立の法則という．ラブラドールレトリバーの毛色（茶毛に対して黒毛が優性）と聴覚〔難聴に対して健聴（聴覚あり）が優性〕はともに，相同染色体上の1対の対立遺伝子によって決まる．減数分裂の過程で相同染色体が分離する際に，それぞれの形質を担う対立遺伝子が互いに独立に分離する．その結果，対立遺伝子の組合わせの異なる4種類の配偶子が生じることになる．

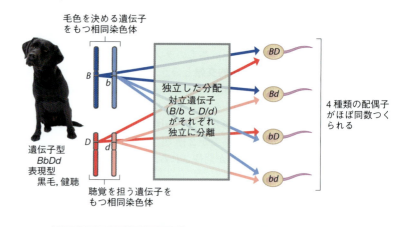

二遺伝子雑種交雑

独立の法則に従えば，二遺伝子雑種交雑で着目した二つの形質は互いに無関係に遺伝するはずである．右のパネットの方形から，子孫に現れうる形質は全部で4通りあること，優性形質（この場合，黒毛と聴覚あり）がより高い確率で現れることがわかる．

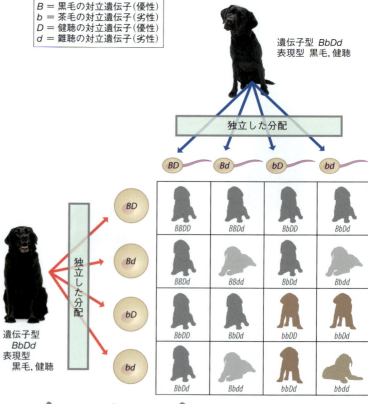

独立組合わせにより生まれる可能性のある4種類のラブラドールレトリバーの子犬

連鎖遺伝子

独立の法則には例外がある．同じ染色体上の近い場所に位置する遺伝子は，一緒に受継がれる傾向を示す．そのような遺伝子を**連鎖遺伝子**とよぶ．右の例では，ともに優性の形質を示す子孫と，ともに劣性の形質を示す子孫が3：1の比で現れる．対立遺伝子が独立に分配される場合と異なり，片方が優性形質，もう片方が劣性形質を示す子孫は現れない．二つの遺伝子が物理的につながっているためである．

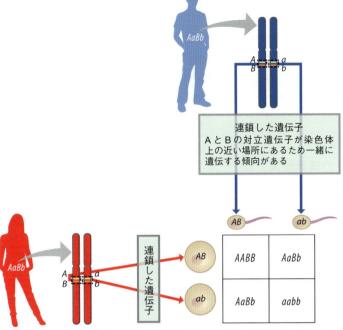

結果　$AABB$（ともに優性）：$AaBb$（ともに優性）：$aabb$（ともに劣性）＝1：2：1

遺伝的組換え

減数分裂の過程で**乗換え**が起こり，相同染色体の一部が交換されることがある．その結果，新たな連鎖遺伝子の組合わせをもつ**組換え染色体**ができる．連鎖した二つの遺伝子が乗換えによって分離される確率は，これらの遺伝子の間の距離と関係している．

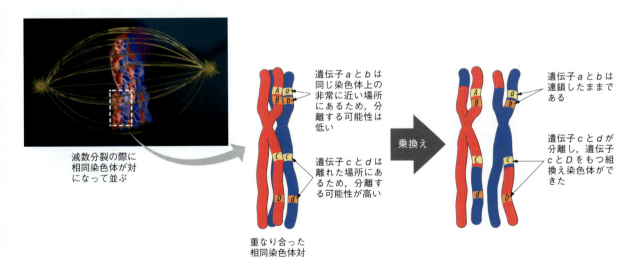

コアアイデア
- 独立の法則が成り立つ場合，異なる形質を担う対立遺伝子は互いに独立に分離する．
- 同じ染色体上の近い場所にある遺伝子は一緒に受継がれることが多い．ただし，減数分裂の際に起こる乗換えによって，連鎖している遺伝子の組合わせが変わることがある．

5・8 ヒトの遺伝

メンデルの遺伝の法則は当然，ヒトの多くの形質にも当てはまる．しかし，ヒトの交雑実験などは行えないので，ヒトの個人や家族について，パネットの方形だけを用いて遺伝的構成を解析することは困難である．それでも，ヒトの遺伝学を理解するいろいろな方法がある．ヒトの遺伝について考えよう．

ヒトの遺伝形質

ヒトの遺伝形質の多くは単一の遺伝子によって支配され，単純な優性/劣性の遺伝様式を示す．自然界に最も頻繁にみられる形質を**野生型**，野生型よりもまれな形質を**突然変異型**という．優性の形質が必ずしも野生型であるとは限らない．

優　性	劣　性
そばかすあり	そばかすなし
正常な色素	アルビノ
健　康	囊胞性繊維症
軟骨無形成症(小人症)	通常の背丈

遺伝形質の優性/劣性と野生型/変異型

ヒトを含めて，優性形質と劣性形質は，性質が優れている，劣っている，ということを意味しない．たとえば，ヒトの"そばかすあり"の表現型は"そばかすなし"の表現型に対して優性である．また，優性形質は必ずしも劣性形質に対して"正常"であるとは限らない．"そばかすあり"は優性形質であるが変異型，"そばかすなし"は劣性形質であるが野生型である．

"そばかすあり"の表現型(左)は，"そばかすなし"の表現型(右)に対して優性である

皮膚などに色素をもたないアルビノ(右)は劣性の表現型である

遺伝と環境

ヒトの形質のなかには，環境の影響が大きいものがある．たとえば，皮膚の色は，遺伝的影響もあるが，日焼けなどによる場合もある．環境の影響による形質の違いは遺伝しない．

保因者

ヒトの遺伝子疾患のほとんどは劣性であり，原因となる対立遺伝子が2コピーあってはじめて発症する．ヘテロ接合のヒト，すなわち正常な対立遺伝子と疾患の原因となる対立遺伝子を1コピーずつもつヒトを**保因者**とよぶ．保因者は発症していないものの，疾患をもたらす対立遺伝子をもっていて，それが子孫に受継がれることがある．右のパネットの方形から，両親がともに保因者の場合，子が発症する確率は1/4，子供が保因者になる確率は1/2であることがわかる．

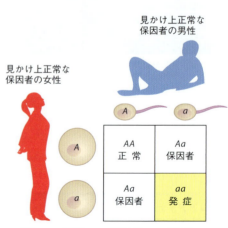
結果　AA(正常)：Aa(保因者)：aa(発症)
　　　＝1：2：1
表現型の比　正常：発症＝3：1

系 図

遺伝学で使われる家系図を**系図**という．メンデルの法則と単純な論理を用いて系図を解析することにより，家族の遺伝子型を知ることができる．

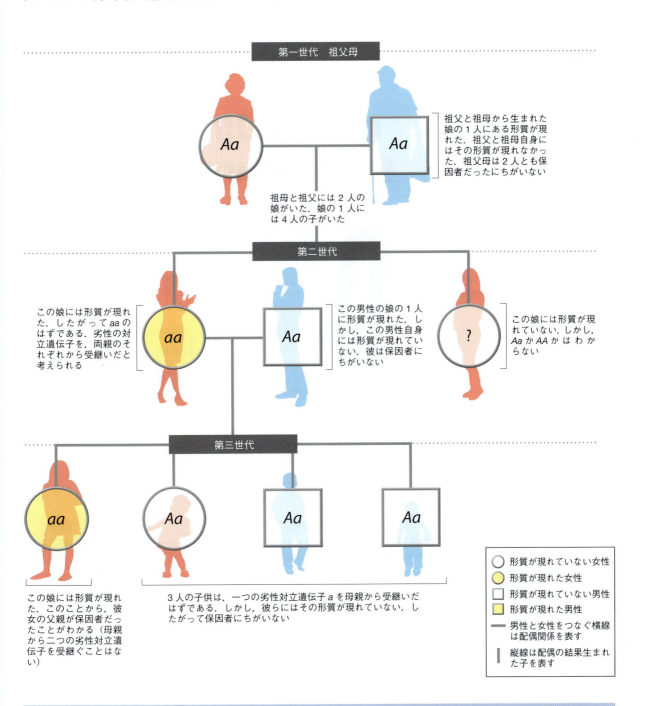

コアアイデア
- ヒトの形質もメンデルの法則に従う．保因者とは劣性の対立遺伝子をもつもののその劣性の形質が現れていないヘテロ接合のヒトをさす．
- 系図を用いて，家族の遺伝子型の流れを追うことができる．

5・9　いろいろな遺伝様式

遺伝形質の多くは，単純なメンデル遺伝の方式に従って子孫に受継がれる．しかし，遺伝様式のなかにはより複雑なものがある．性染色体上の遺伝子による遺伝，不完全優性，複対立遺伝子，遺伝子の多面発現性，多因子遺伝などである．

性染色体

ヒトの性はXおよびYとよばれる1組の性染色体によって決まる．X染色体とY染色体を1本ずつもつ場合は男性，X染色体を2本もつ場合は女性である．減数分裂の際には，精子の半数にX染色体，残りの半数にY染色体が分配される．一方，卵はX染色体のみをもつ．すなわち，子の性別は受精した精子の性染色体によって決まる．

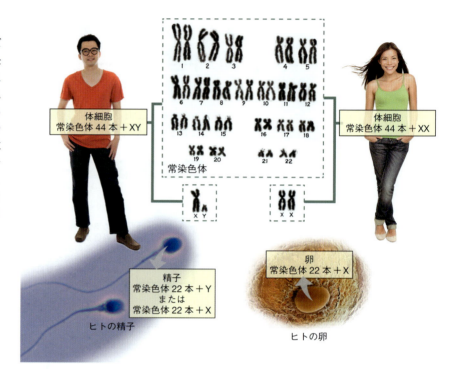

伴性遺伝

Y染色体は非常に小さく，男性としての性質をもたらす以外の遺伝子をほとんどもたない．一方，ヒトの形質には**伴性遺伝子**とよばれるX染色体上の遺伝子によって決まるものがある．血友病やある種の色覚異常は，伴性遺伝子が原因で起こる劣性遺伝子疾患である．これらの疾患は，正常な（優性の）遺伝子が一つでもあれば発症しない．そのため，女性（X染色体が2本）よりも男性（X染色体が1本）に多くみられる．

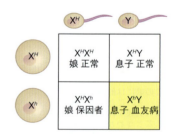

X^H: 正常
X^h: 血友病
Y: 血友病の遺伝子をもたない

コアアイデア
- X染色体上にある伴性遺伝子は特有の遺伝様式を示す．
- 古典的なメンデル遺伝学の法則だけでは説明できない遺伝様式もある．そのような例として，伴性遺伝，不完全優性，複対立遺伝子，多面発現性，多因子遺伝があげられる．

不完全優性

古典的なメンデル遺伝学では，優性対立遺伝子が一つでも二つでも，生物の外見は変わらない．しかし，キンギョソウの花の色のように，ヘテロ接合（優性と劣性の対立遺伝子を一つずつもつ）の場合に，中間的な形質を示すことがある．これを**不完全優性**という．

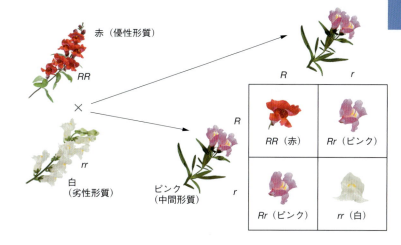

複対立遺伝子

遺伝子の大部分には**複対立遺伝子**といい，3種類以上の対立遺伝子が存在する．特定の遺伝子につき，1人がもつ対立遺伝子は多くても2種類であるが，対立遺伝子の種類が多ければ，可能な遺伝子の組合わせも増え，表現型がより多様になる可能性がある．ヒトの血液型はその例である．

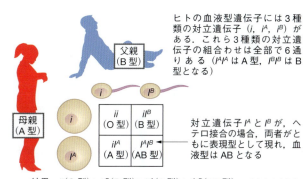

ヒトの血液型遺伝子には3種類の対立遺伝子（i, i^A, i^B）がある．これら3種類の対立遺伝子の組合わせは全部で6通りある（$I^A I^A$はA型，$I^B I^B$はB型となる）

対立遺伝子I^AとI^Bが，ヘテロ接合の場合，両者がともに表現型として現れ，血液型はABとなる

結果　ii（O型）：iI^B（B型）：iI^A（A型）：$I^A I^B$（AB型）＝1:1:1:1

多面発現性

一つの遺伝子が多数の形質に影響を与えることもある．これを**多面発現性**という．たとえば，ヒトヘモグロビン遺伝子の1箇所の突然変異が，鎌状赤血球貧血をひき起こし，その結果種々の症状が現れる．

多因子遺伝

エンドウの花は紫色か白色のいずれかである．しかし，ある範囲内のどの状態もとることのできる形質も多い．これはしばしば**多因子遺伝**，すなわち一つの形質に対して多くの遺伝子が影響を与えることが原因で起こる．たとえば，ヒトの背の高さや皮膚の色は複数の遺伝子の影響を受けており，一つの遺伝子に着目しただけでは，それらの形質の遺伝を明確に説明することができない．

6 DNA——生命の分子

6・1 DNAの構造と複製

1950年代に，遺伝物質が**DNA**（デオキシリボ核酸）であることがわかり，その三次元構造も明らかにされた．生命が世代を超えて維持されるのは，DNAが正確に複製され，親から子孫へと受継がれるからである．そのしくみを解く鍵はDNAの構造と複製の様式にある．

DNAの構造

DNAは**ヌクレオチド**を基本単位とする**核酸**の一種である．DNAのヌクレオチドは，糖（デオキシリボース），**リン酸**，**塩基**の三つの部分からできている．各ヌクレオチドに含まれる塩基は，アデニン（A），グアニン（G），シトシン（C），チミン（T）のいずれかである．ヌクレオチドがつながったものが**ポリヌクレオチド**である．DNA1分子は2本のポリヌクレオチドの鎖から構成される．これらの鎖は，AとTおよびCとGの対（**塩基対**という）の間に形成された水素結合を介して互いに結合し，より合わさって**二重らせん**を形成している．

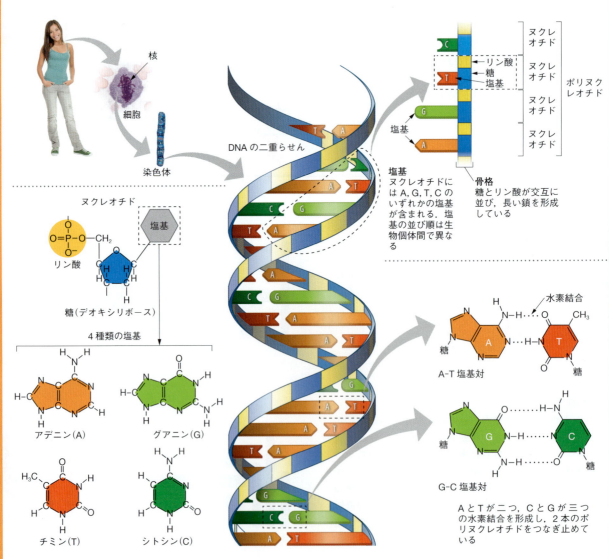

DNAの複製

生命が絶えることなく次の世代に受継がれていくのは，DNAを正確に複製するしくみがあるからである．複製の際にはまず，もとのDNAを構成する2本のポリヌクレオチドの鎖が離れる．ついで，離れた鎖のそれぞれが鋳型となり，塩基対形成の規則（AとT，CとGが塩基対を形成）に従って，相手の鎖が正確に組立てられる．こうして，1本のもとの鎖と1本の新たな鎖からなる2分子のDNAができる．この複製様式を**半保存的複製**という．

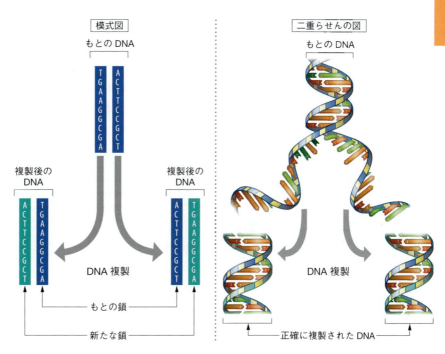

DNAの複製過程

細胞内のさまざまな酵素が協調して働く．

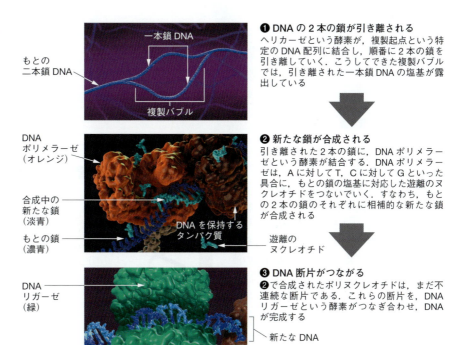

❶ **DNAの2本の鎖が引き離される**
ヘリカーゼという酵素が，複製起点という特定のDNA配列に結合し，順番に2本の鎖を引き離していく．こうしてできた複製バブルでは，引き離された一本鎖DNAの塩基が露出している

❷ **新たな鎖が合成される**
引き離された2本の鎖に，DNAポリメラーゼという酵素が結合する．DNAポリメラーゼは，Aに対してT，Cに対してGといった具合に，もとの鎖の塩基に対応した遊離のヌクレオチドをつないでいく．すなわち，もとの2本の鎖のそれぞれに相補的な新たな鎖が合成される

❸ **DNA断片がつながる**
❷で合成されたポリヌクレオチドは，まだ不連続な断片である．これらの断片を，DNAリガーゼという酵素がつなぎ合わせ，DNAが完成する

コアアイデア
- DNA 1分子は，より合わさった2本のポリヌクレオチドの鎖からできている．ポリヌクレオチドは，ヌクレオチドが長くつながったものであり，ヌクレオチドは，糖，リン酸に加えて，4種類の塩基のいずれかをもつ．
- DNAが複製されることにより，次世代に遺伝情報が受継がれる．複製の際には，引き離された2本の鎖が鋳型として働き，塩基対形成の規則に従って正確に新しい鎖がつくられる．

6・2　遺伝情報の流れ：DNA, RNA, タンパク質

あなたに生まれつき備わっている特徴（形質）は，あなたの DNA をもとに合成されたタンパク質によってつくり上げられたものである．DNA のもつ遺伝情報は，RNA を介してタンパク質へと伝えられる．その過程が核内における**転写**と細胞質のリボソームにおける**翻訳**である．

遺伝情報の流れ

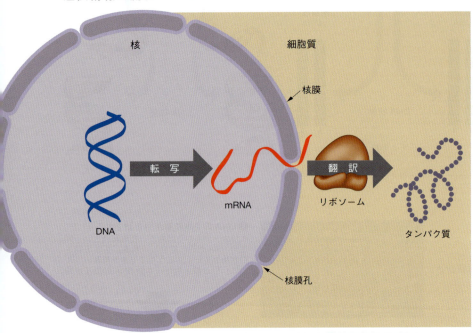

DNA のもつ遺伝情報は，転写とよばれる過程を経て，いったん mRNA に写し取られる．mRNA は核膜孔という核膜に開いた穴を通過して核を離れ，細胞質中のリボソームへと向かう．リボソームでは，mRNA のもつ情報をもとにしてタンパク質が合成される．その過程を翻訳という．

核酸：DNA と RNA

核酸は情報をたくわえる分子であり，タンパク質の合成に関する指示を出す．細胞は **DNA**（デオキシリボ核酸）と **RNA**（リボ核酸）の2種類の核酸をもつ．どちらもヌクレオチドの重合体であるが，構造上の違いが三つある．

❶ **鎖の数**
DNA は通常二本鎖として存在する．RNA は一本鎖であることが多い

❷ **糖**
DNA はデオキシリボース，RNA はリボースをもつ．デオキシリボースは，リボースに比べて酸素（O）が1個少ない（デオキシは"酸素が取れた"という意味）

❸ **塩基**
DNA はアデニン（A），チミン（T），シトシン（C），グアニン（G）を，RNA は T の代わりにウラシル（U）をもつ

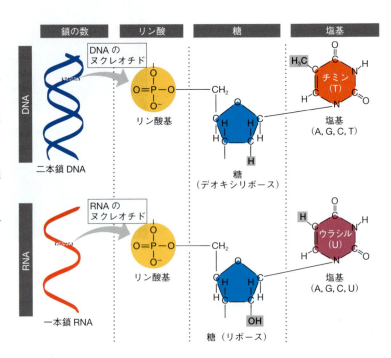

6・2

転写

DNAは転写，すなわちRNA合成を指令する．転写は塩基対形成の規則に従って行われるが，RNAではチミン（T）の代わりにウラシル（U）が使われる．完成したRNAは**メッセンジャーRNA（mRNA）**とよばれる．mRNAは核を出て，翻訳の行われるリボソームに移動する．

翻訳

翻訳は細胞質中の**リボソーム**で行われる．リボソームRNA（**rRNA**）とタンパク質の複合体であるリボソームは，mRNAの結合部位と**転移RNA（tRNA）**の結合部位をもつ．mRNAの隣り合う3個のヌクレオチドの組を**コドン**という．リボソームではmRNAのコドンが読取られ，それに対応するアミノ酸がつながれていく．合成されたポリペプチドは修飾を受け，機能をもつタンパク質になる．

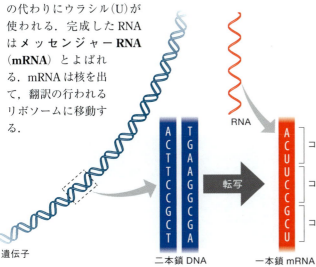

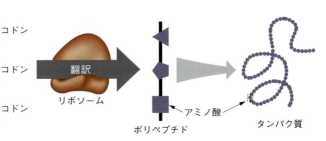

転移RNA

mRNAからポリペプチドへの翻訳には，mRNAのコドンに対応したアミノ酸を運ぶ転移RNA（tRNA）が必要である．tRNAは片方の端にアンチコドンという構造をもち，塩基対形成の規則に従って（AとU，CとGが結合），mRNAのコドンに結合する．tRNAの他端には，そのコドンに対応したアミノ酸が結合している．

遺伝暗号

コドンとアミノ酸の対応関係を**遺伝暗号**という．1種類のコドン（図の赤い部分）は1種類のアミノ酸を指定する．複数のコドンによって指定されるアミノ酸もある（たとえばAAAとAAGはリシン）．メチオニンを指定するAUGは，タンパク質合成の開始点を示す**開始コドン**としても働く．UAA, UAG, UGAは，タンパク質合成の終結を指示する**終止コドン**である．

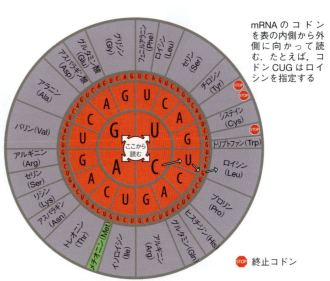

mRNAのコドンを表の内側から外側に向かって読む．たとえば，コドンCUGはロイシンを指定する

🛑 終止コドン

コアアイデア
- DNAのもつ遺伝情報は，核内でmRNAに転写され，細胞質に運び出される．
- tRNAの運ぶアミノ酸がmRNAのコドンの指定どおりにリボソームで連結され，ポリペプチドが合成される．

6・3 転写と翻訳

DNA のもつ遺伝情報をメッセンジャー RNA（mRNA）に写し取る過程を**転写**，mRNA のもつ情報をもとにしてタンパク質を合成する過程を**翻訳**という．真核細胞の場合，転写は核で行われる．合成された RNA は修飾を受けて完成した mRNA になる．翻訳は細胞質中のリボソームで行われる．mRNA の指定するアミノ酸がリボソームで順につながってポリペプチドが合成される．

転　写

❶ **RNA ポリメラーゼがプロモーターに結合する**
転写は，RNA ポリメラーゼという酵素がプロモーターという転写開始の目印となる DNA 配列に結合することによって始まる．遺伝子が転写されるかどうかは，RNA ポリメラーゼのプロモーターへの結合によって決まることが多い

❷ **RNA ポリメラーゼが RNA を合成する**
RNA ポリメラーゼは，引き離した DNA の 2 本の鎖の上を移動しながら，塩基対形成のルール（T に対して A，A に対して U，C に対して G，G に対して C）に従って，DNA の片方の鎖に相補的な RNA を合成する．合成を終えた部分から順に RNA が DNA から離れ，DNA の二本鎖が再び会合する．RNA 合成は，RNA ポリメラーゼがターミネーターという転写の終結を知らせる DNA 配列に到達するまで続く

❸ **RNA スプライシング**
真核細胞では，転写によってできた RNA は核を離れる前に修飾を受ける．たとえば，イントロンとよばれるアミノ酸を指定しない領域が取除かれ，エキソンとよばれるアミノ酸を指定している領域が連結される．これを RNA スプライシングという．異なったスプライシングを受けることによって，一つの遺伝子から複数の種類のタンパク質がつくられることがある．RNA の"頭"と"尾"も修飾を受ける

❹ **mRNA が核から出る**
完成した mRNA は，核膜孔を通って核を離れ，タンパク質合成の指令書として働く

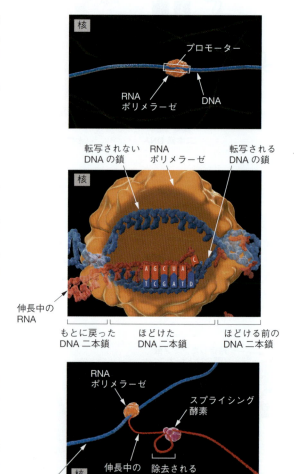

翻 訳

6・3

❶ リボソームの組立て
リボソームは初め大サブユニットと小サブユニットに分かれている．翻訳が始まる際にはまず，リボソームの小サブユニットが mRNA に結合する．ついで，転移 RNA(tRNA) が mRNA 上の開始コドンに結合する．最初にやってくるこの tRNA は，アミノ酸のメチオニン(Met) を運んでおり，アンチコドン UAC を使って開始コドン AUG に結合する．リボソームの大サブユニットが小サブユニットに結合し，リボソームが完成する

❷ ポリペプチドの伸長
アミノ酸が 1 個ずつ追加されていく．アミノ酸を運んできた tRNA がアンチコドンの部分で mRNA のコドンに結合すると，そのアミノ酸に伸長中のポリペプチドの末端が連結される．前のアミノ酸を運んできた tRNA はリボソームから放出される．残った tRNA が空いた場所に移り，新たな tRNA が次のコドンに対応するアミノ酸を運んでやってくる．これが繰返される

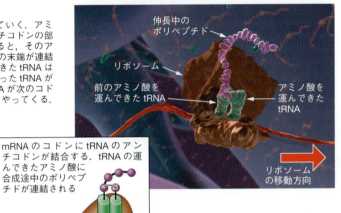

❸ リボソームの解体
終止コドン (UAA, UAG, UGA) には指定するアミノ酸がない．リボソームが終止コドンに達すると，できあがったポリペプチド (長さは数百アミノ酸のものが多い) がリボソームから離れる．大小のリボソームサブユニットが解離し，mRNA と tRNA も外れる

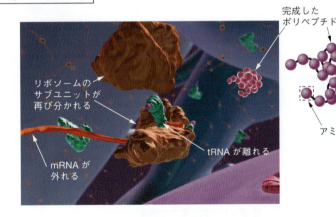

コアアイデア
- 転写の過程では，DNA の二本鎖が分離し，片方の鎖を鋳型にして RNA が合成される．合成された RNA は修飾を受け，完成した mRNA となり，核膜孔を通って細胞質へと運ばれる．
- 翻訳の過程では，ポリペプチドにアミノ酸が 1 個ずつ追加されていく．リボソームは，翻訳開始時に mRNA の開始コドンでリボソームサブユニットから組立てられ，終止コドンに到達すると再びサブユニットに分かれる．

6・4　遺伝子の発現調節

遺伝子の情報をもとに実際にタンパク質が合成されることを**遺伝子発現**という．あなたの体を構成するすべての細胞は，あなたの遺伝子を全部もっている．それにもかかわらず，細胞の種類によってそのかたちと働きが異なるのは，発現している遺伝子が異なるからである．多細胞生物では，遺伝子発現が細胞間のシグナル伝達によって調節されていることも多い．

遺伝子の発現調節の例

細胞の種類によって，発現する遺伝子が異なる．消化酵素ラクターゼをつくるのは，腸の細胞のみである．また，右の表にはヘモグロビンをつくる細胞はない．

遺伝子の種類	腸の細胞	神経細胞	白血球
グルコース分解酵素の遺伝子	発現	発現	発現
抗体の遺伝子			発現
ラクターゼの遺伝子	発現		
ヘモグロビンの遺伝子			

遺伝子発現の調節

遺伝子発現はさまざまな方法によって調節されている．

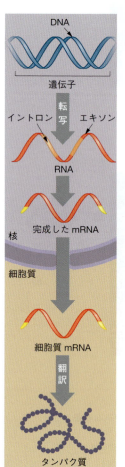

❶ **転写因子**
多くの真核細胞では，大多数の遺伝子が発現停止の状態にある．転写を開始するには，転写因子とよばれる一群のタンパク質がDNAに結合しなければならない

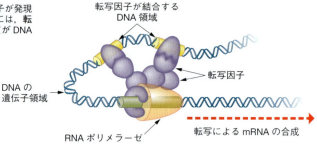

❷ **RNA段階での調節**
転写によってできたRNAは，核を離れる前に修飾を受ける．キャップ構造やポリ(A)尾部が追加されたり，翻訳されない領域(イントロンとよばれる)が取除かれ，タンパク質をコードする残りの領域(エキソンとよばれる)がつなぎ合わされたりする．エキソンの組合わせが変わることによって，1個の遺伝子から何種類ものmRNAがつくられることがある．マイクロRNA(miRNA)という小さなRNAがmRNAに結合し，タンパク質合成を抑える例も知られている

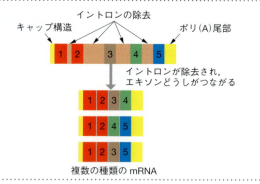

❸ **タンパク質段階での調節**
翻訳の進行，タンパク質の修飾や分解が調節を受けることもある

シグナル伝達

多細胞生物では，細胞が互いに情報を交換している．ある細胞の放出した分子（シグナル）が，他の細胞の表面にある受容体タンパク質に結合すると，受取った細胞の**シグナル伝達経路**が活性化される．このようにして，細胞外の情報が，細胞質そして核へと受渡され，特定の遺伝子が活性化あるいは不活性化される．

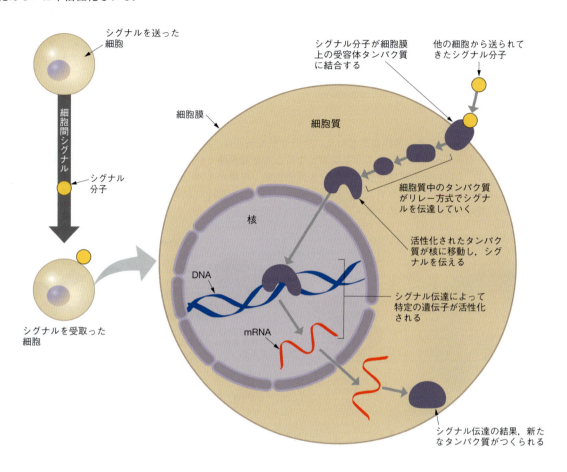

発生における細胞間シグナル伝達

受精卵などから成体へと成長する過程を**発生**という．動物の発生の過程では，細胞分裂が盛んに起こり，体が著しく成長する．この細胞分裂は厳密に調節されていなければならない．正しく器官が配置された，かたちの整った体ができてくるのは，近くの細胞どうしがシグナル分子を介して情報をやりとりしているからである．

コアアイデア
- 遺伝子発現は，DNAからタンパク質に至る経路のなかのいくつかの段階で調節される．
- 遺伝子発現の調節にもかかわる細胞間シグナル伝達は，胚の発生過程で特に重要である．

6・5　がんと遺伝子発現

細胞分裂によって既存の細胞から新たな細胞がつくられる．これは生物にとって正常かつ不可欠な過程であるが，その頻度やタイミングは厳密に制御されていなければならない．細胞周期を制御する遺伝子に**突然変異**が起こり，無秩序に増殖する細胞からなる**腫瘍**が形成されることがある．腫瘍が他の組織へと広がる能力を獲得したものが**がん**である．がんは，ある1個の細胞に複数の突然変異が起こることによって発生する．

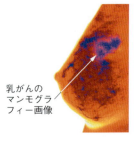

乳がんのマンモグラフィー画像

変異原

DNA の塩基配列が変化することを突然変異という．突然変異の多くは，DNA を物理的あるいは化学的に傷つける環境要因によって起こる．このような要因となるものを**変異原**という．変異原の多くは**発がん物質**である．たとえば，太陽の紫外線はメラノーマ（悪性黒色腫，皮膚がんの一種）の原因になる．日焼け止めを塗ったり，たばこを吸うのをやめたり，脂肪分の多い食べ物を避けたりすることは，変異原から身を守ること，ひいてはがんの発生リスクを下げることにつながる．

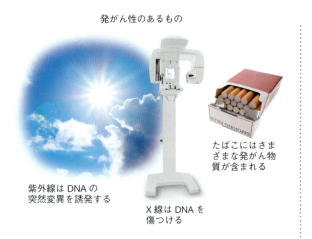

発がん性のあるもの
- 紫外線は DNA の突然変異を誘発する
- X 線は DNA を傷つける
- たばこにはさまざまな発がん物質が含まれる

がんの予防につながるもの
- ビタミン C と E にはがんの発生を抑える抗酸化作用がある

- 日焼け止めは細胞を紫外線から守る
- 新鮮な果物と野菜には変異原を中和する化学物質が含まれている

突然変異の影響

最も単純な突然変異は，DNA のあるヌクレオチドが他のヌクレオチドに置き換わる**点突然変異**である．次の例から，システインを指定する塩基配列 ACA の点突然変異がさまざまな影響を及ぼすことがわかる．

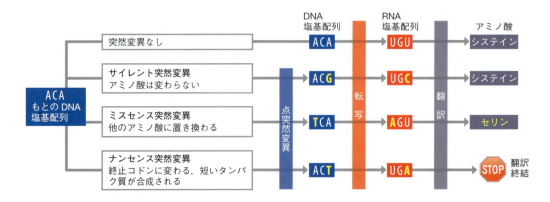

がん原遺伝子とがん遺伝子

細胞分裂のタイミングは，**細胞周期制御システム**によって制御されている．細胞周期制御システムは，周囲からの情報を統合し，分裂を"開始"あるいは"停止"させるシグナルを核に送る．このシステムにかかわる遺伝子に突然変異が起こると，分裂を際限なく繰返す細胞が現れることがある．このような遺伝子を**がん原遺伝子**という．がん原遺伝子には，細胞分裂を促進する**増殖因子**の遺伝子や，細胞分裂を抑制する**がん抑制遺伝子**などが含まれる．

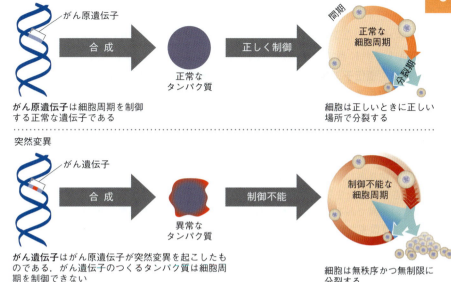

がんの進行

がんは，ある1個の細胞で，複数のがん原遺伝子が，突然変異によってがん遺伝子に変化したときに発生する．こうして現れた無秩序に増殖する細胞が免疫系による破壊を逃れると腫瘍ができる．がんはその起原に基づいて分類される．たとえば，肺がんは肺に発生し，そこから広がっていく．がん細胞が体の離れた場所へと広がることを**転移**という．

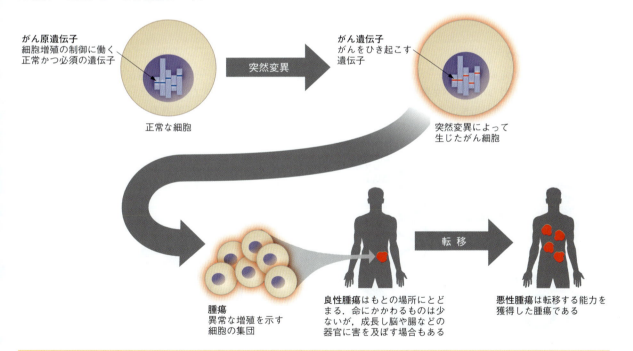

コアアイデア
- 腫瘍は常にある1個の細胞から始まる．腫瘍のうち転移を起こす能力をもつものが悪性腫瘍，すなわちがんである．がんは細胞周期制御システムの破綻によって発生する．
- がん原遺伝子が突然変異によってがん遺伝子に変化することが，がん発生の原因の一つである．

6・6　遺伝子工学と遺伝子治療

科学の歴史のなかには，ある自然現象の解明が自然界の改変に結びついた例が少なからず存在する．DNAもそれに当てはまる．DNAの構造と機能が明らかになると，実用を目的としたDNAの改変，すなわち**遺伝子工学**が可能になった．遺伝子工学で用いられるいくつかの技術と，その成果をみていこう．遺伝子を改変して病気を治す**遺伝子治療**も理論的に可能であり，成功例もある．

DNAをつなぎ合わせる

すべての生物の遺伝情報は，DNAという共通の化学言語で記述されている．したがって，ある生物種の遺伝子を切り出し，他の生物種のDNAにつなぐことができる．遺伝子工学では，そのような技術を駆使して，さまざまな生物がつくられてきた．蛍光タンパク質遺伝子をもつマウス（あるいは魚，ネコ，サル）はその一例である．また，われわれが口にするさまざまな農作物が，他の生物に由来する有益な遺伝子をもつよう改変されている．

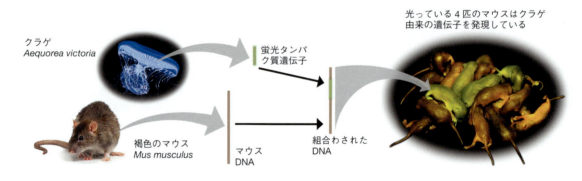

遺伝子クローニング

遺伝子工学が取組む重要な課題の一つは，ヒトのタンパク質の大量生産である．そのために**遺伝子クローニング**が行われる．着目したタンパク質をコードする遺伝子を単離し，細菌のもつプラスミドという小型環状DNAに挿入する．細菌が増殖すると，遺伝子が増幅され，大量のタンパク質がつくられる．ここで示すのは，ヒトのインスリンの大量生産の例である．

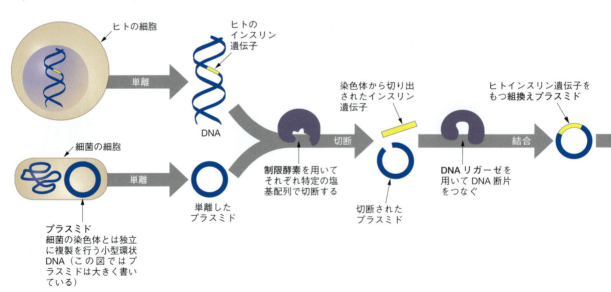

骨髄細胞を用いた遺伝子治療

健常者から正常な遺伝子を単離し，レトロウイルス（RNAゲノムをもつウイルス）に組込み，患者の骨髄細胞に感染させる．感染した骨髄細胞は絶え間なく増殖を続け，正常なタンパク質を長期間にわたってつくり続ける．

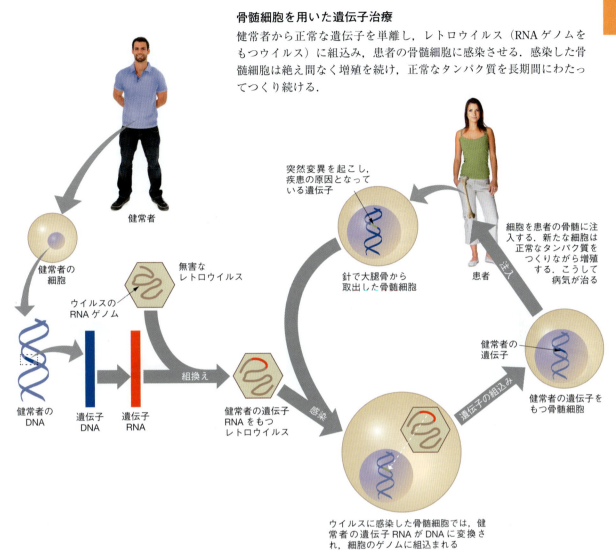

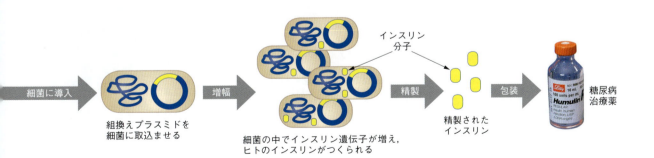

コアアイデア
- 遺伝子をクローニングすることによって，特定のタンパク質を大量に生産することができる．
- ヒトの遺伝子治療の方法として，組換えレトロウイルスを用いる方法がある．健常者の遺伝子をもつウイルスを骨髄細胞に感染させることによって，患者は正常なタンパク質をつくることができるようになる．

6・7 遺伝子組換え生物

人為的に遺伝子を操作した生物を**遺伝子組換え生物**（GMO）という．他種の遺伝子をもつ生物（たとえばヒトの遺伝子をもつヤギ）は**トランスジェニック生物**とよばれる．遺伝子工学の分野では，トランスジェニック生物の作製が広く行われている．遺伝子組換え生物が広まる一方で，安全面に対する懸念を示す人たちもいる．

トランスジェニック植物
まず導入したい遺伝子をプラスミドに挿入する．この組換えプラスミドを用いて目的の遺伝子を植物のゲノムに組込むと，組込んだ遺伝子の形質を示すトランスジェニック植物ができる．米国では，このような農作物が広く一般に消費されている．一部の農学研究者は，食物生産量，病虫害に対する抵抗性，栄養価を向上させる手段として，このような遺伝子組換え（GM）作物に期待を寄せている．

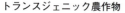

トランスジェニック農作物

Bt トウモロコシは，細菌 *Bacillus thuringiensis* に由来するタンパク質をつくるように改変されている．このタンパク質は，トウモロコシを食害するガの幼虫を選択的に殺す

ヒトは，ビタミンAを合成するのにβ-カロテンを必要とする．2000年に作製されたゴールデンライスは，β-カロテンを合成するスイセンの遺伝子をもち，ビタミンA欠乏症やそれによる失明を防ぐ効果がある

ハワイのパパイヤ産業は1992年にGMパパイヤが導入されるまで，リングスポットウイルスの脅威にさらされていた

コアアイデア
- プラスミドを利用し，トランスジェニック植物やトランスジェニック動物をつくることができる．遺伝子組換え植物は食糧供給のかなりの部分を占めている．一方，遺伝子組換え動物はその段階にはまだ至っていない．遺伝子組換え生物の利用には，恩恵だけでなく危険もある．

トランスジェニック動物

農学研究者らは，数千年行われてきた伝統的な品種改良に加えて，健康によい，あるいは生産性の高い家畜を求めて，さまざまな遺伝子改変に取組んでいる．2015年後半にFDA（米国食品医薬品局）は，成長の速いトランスジェニックサケを食用の遺伝子組換え動物として認可した．しかし，それが実際に店頭に並ぶにはまだ数年かかるかもしれない．また，製薬会社は，医療用に，ヒトのタンパク質を乳中などに分泌するさまざまなトランスジェニック動物を作製している．

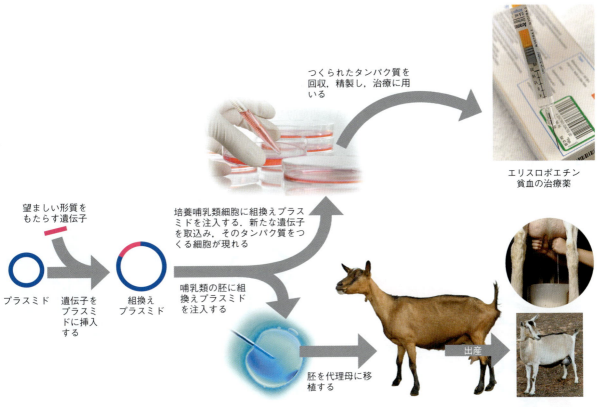

安全と倫理についての懸念

他の新たな技術と同じように，遺伝子工学も恩恵だけでなく害をもたらす可能性があり，議論をよんでいる．われわれ一人ひとりが，この新たな技術のもつ恩恵と危険について学ぶことが大切である．

賛　成	反　対
人あるいは環境に対してGMOが何か特別な危険をもたらす科学的根拠はない	未知の作用機構により，GMOが人の健康に害を及ぼすかもしれない
危険な系統を用いた研究の禁止も含めた安全対策が講じられている	拡散したGMOが遺伝子を自然界の生物に受渡し，思いがけない問題をひき起こすかもしれない
GMOは，従来の穀物よりも栄養に富み，より多様な環境で育てることができる	GMOを広範囲で栽培することによって，生物多様性が損なわれるかもしれない
組換えDNA実験で用いる微生物の系統は一部の遺伝子が欠損していて，自然界で生き残れない	米国ではGMOの表記に関する基準がないため，消費者には何を食べているかを知るすべがない

6・8　ポリメラーゼ連鎖反応

ポリメラーゼ連鎖反応（**PCR**）は，DNAのねらった部分をすばやく迅速に増幅する研究手法である．この手法を用いることにより，ごく微量の血液あるいは他の組織から，次の実験を行うのに十分な量のDNAを得ることができる．PCRは自動化されており，たった1個のDNA断片をわずか数時間で膨大な数に増幅できる．PCRによる増幅はきわめて正確であり，DNA型鑑定，生物間の類縁関係の解明，病気の原因遺伝子の同定などにも用いられる．

ポリメラーゼ連鎖反応

PCRを行う際には，サーマルサイクラーという専用の装置を用いて，DNA試料を熱したり冷やしたりする．PCRで鍵となるのは，**DNAポリメラーゼ**という酵素である．DNAポリメラーゼは，一本鎖DNAに相補的な新たなDNA鎖を合成する．PCRで用いるDNAポリメラーゼは，もともと温泉に生息する原核生物で見つかったもので，通常のDNAポリメラーゼが活性を失う高温にも耐えることができる．

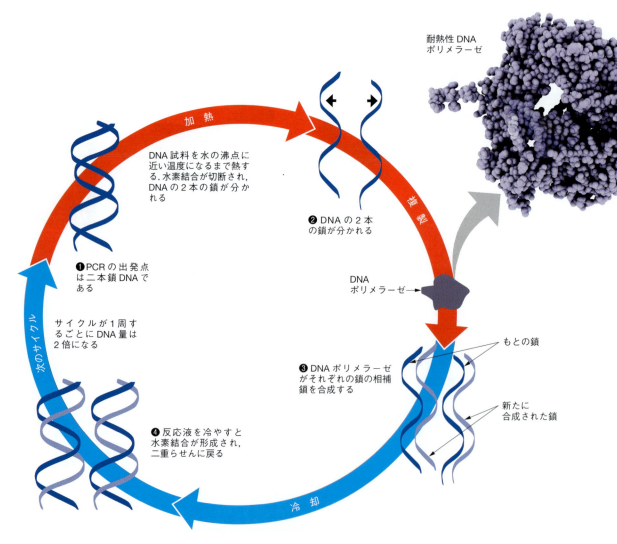

DNAの特定の領域を増幅する

PCRでは通常，長いDNAのある特定の領域のみを増幅する．そのために，**プライマー**という，増幅したいDNA領域の両端のそれぞれに相補的な短い（通常15〜20ヌクレオチド）合成一本鎖DNAを反応液に加える．DNAポリメラーゼはプライマーに結合し，これらのプライマーを起点に，反応液中の遊離ヌクレオチドを使って新たな鎖を合成する．適切なプライマーを用いることによって，DNAのねらった領域のみを大量に増やすことができる．

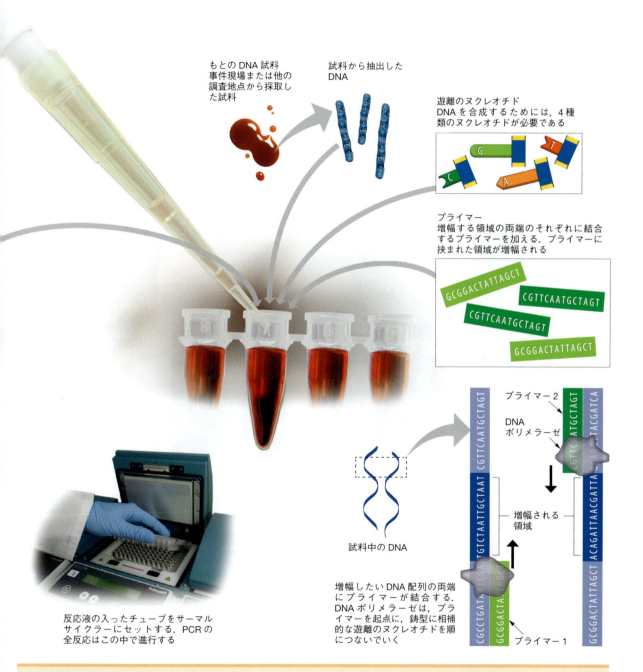

コアアイデア
- PCRを行うには，耐熱性DNAポリメラーゼ，遊離のヌクレオチド，解析したい試料，特定のDNA配列に結合するプライマーが必要である．サイクルが1周するごとに，DNAの量が2倍に増える．

6・9　DNA 型鑑定

DNA 型鑑定は，二つの DNA 試料が同一人物のものであるかどうかを明らかにするために行われる．事件現場から採取した DNA 試料と容疑者の DNA 試料が手元にあるとしよう．それらが同じであることを証明するにはどうすればよいだろうか．両試料中の DNA の全塩基配列を比較すればよいのだが，それは限りなく非現実的である．最近の DNA 型鑑定では，個人間で大きく異なる DNA のごく限られた領域を比較する．

STR

STR（短鎖縦列反復配列，マイクロサテライトともいう）は，ゲノム全体にわたって点在する，短いヌクレオチド配列が何度も繰返されている領域である．それらの位置や繰返される塩基配列は同じであるが，繰返される回数は個人間で大きく異なる．現在行われている DNA 型鑑定では，ゲノム中のあらかじめ定められた 13 の STR 座位の長さを調べる（訳注：日本の警察では 15）．STR 座位を増幅するプライマーを用いて PCR を行い，増幅された DNA の長さを，ゲル電気泳動などの方法を用いて比較する．これらの座位は個人差が大きく，一卵性双生児を除き，二人の人物の間で 13 の STR 座位すべての長さが同じだったことはいまだかつてない．

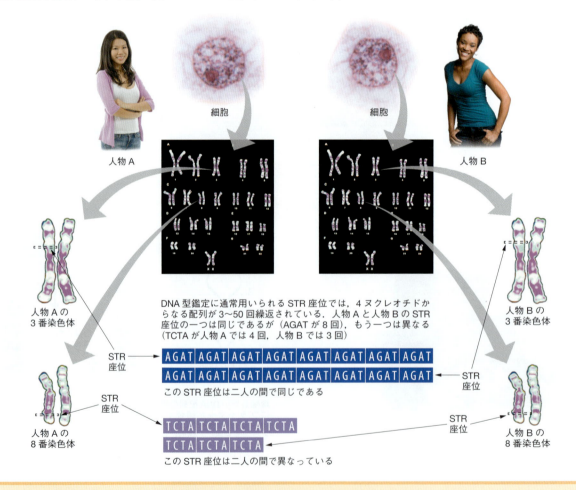

DNA 型鑑定に通常用いられる STR 座位では，4 ヌクレオチドからなる配列が 3〜50 回繰返されている．人物 A と人物 B の STR 座位の一つは同じであるが（AGAT が 8 回），もう一つは異なる（TCTA が人物 A では 4 回，人物 B では 3 回）

コアアイデア
- DNA 型鑑定により，二つの DNA 試料が同一人物のものであることを証明できる．個人間で大きく異なる STR 座位を PCR により増幅し，その長さを調べる．

6・10　ゲノム計画

ある生物のもつ遺伝子の全体をさして**ゲノム**という．ゲノムおよびゲノム間の相互作用に関する研究は**ゲノミクス**とよばれる．近年，研究者らはヒトを含むさまざまな生物種のゲノム全体の塩基配列を明らかにしている．ゲノミクスがもたらす情報は，ヒトについて，そして地球上の生命の進化について，さまざまなことをわれわれに教えてくれる．

ヒトゲノム計画

2003年に，実質上のヒト全遺伝子の塩基配列が公表された．この**ヒトゲノム計画**によって，常染色体22本および性染色体XまたはYを構成する約31億塩基対のなかに約21,000個の遺伝子が存在することが明らかになった．ヒト以外にも，さまざまな生物のゲノム塩基配列が明らかにされており，多くの興味深いデータが得られている．

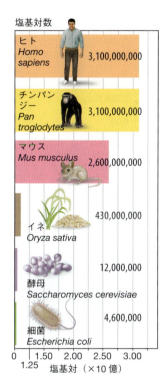
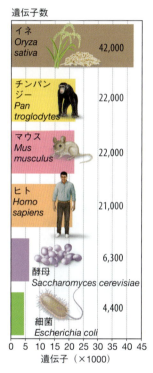

ヒトゲノムの真実
- 同性の2人の人のゲノムは約99.5%同一である．
- ヒトのDNAのうち，タンパク質をコードしている領域は，わずか1.5%にすぎない．残りの98.5%は，他の働きを担っている（その働きの一部はまだ解明されていない）．
- ヒトのDNAの24%は，遺伝子の発現制御を担う配列からなる領域（遺伝子そのものではなく）である．
- ヒトのDNAの59%は，ゲノム全体にわたって多数存在する繰返し配列である．

全ゲノムショットガン法

生物の全ゲノムの塩基配列の決定には**全ゲノムショットガン法**という方法が用いられる．この方法によって，短期間に大量のデータを得ることができる．

ゲノム	DNA断片	DNA塩基配列決定	塩基配列の重なり	最終的な塩基配列
				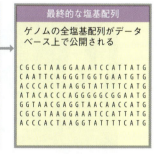
ある個人からDNAを得る	DNAをさまざまな制限酵素で切断し，小さな断片にする	各DNA断片の塩基配列を，自動化された機械(DNAシークエンサー)を用いて決定する	配列の重なりから，断片がもともとどのような順序で並んでいたかをコンピューターが判断する	ゲノムの全塩基配列がデータベース上で公開される

コアアイデア
- 制限酵素で切断したDNA断片の塩基配列を調べることで，ある生物のゲノムの全塩基配列を決定できる．ヒトのゲノムは約21,000個の遺伝子を含む約31億塩基対からなる．

7 進化

7・1 進化論の発展とダーウィンの『種の起原』

1859年11月24日は，生物学の歴史の重要な日である．この日，英国の博物学者**ダーウィン**（Charles Darwin）が，『種の起原』を出版した．この古典的著作のなかでダーウィンは，自然選択による**進化**の概念（彼はこれを"変化を伴う由来"とよんだ）を提示したのである．この概念の背後には，地球の年齢はわずか数千年で，地球は相互に無関係で変化しない生物種によって占められているとする，それまで広く信じられていた考えとは全く異なる考えがあった．ダーウィンがどのようにその革命的なアイデアに到達したかを理解するには，彼の科学的文化的背景を知らなくてはいけない．

ダーウィンの科学的文化的背景

1700年代　　　　1800年代

古代ギリシャ
（紀元前およそ350年）
哲学者アリストテレスに代表されるギリシャ人たちは，種が永続的で変化しないと信じていた

化石（1700年代）
1700年代には，化石の発見によって，地球がかつて考えられていたより古いものであると示唆された．化石はさらに，昔の生物は現生生物と関係があったが，異なるものもいた，ということも示した．科学者は，化石が現生生物の絶滅した近縁生物であると考え始めた

ダーウィンの誕生（1809）
ダーウィンは英国シルスベリーで1809年に誕生した．幼いときから，博物学者になろうと考えていた

ライエル（1830）
1830年にスコットランドの地質学者ライエル（Charles Lyell）は，『地質学原理（Principles of Geology）』を著した．この古典的教科書でライエルは，地球はきわめて古く，浸食や地震などのできごとが集積することで，ゆっくりと変化してきた，と示唆した

中世（400〜1400年）
およそ1000年もの間，ユダヤ教やキリスト教の学者は，聖書の文字どおりの解釈に従い，地球は比較的若く（神学者は地球が紀元前およそ4000年に創造されたと考えていた），すべての生物は原初に創造されたままであると，説いた

A&E program Biographyは，ダーウィンを西暦1000年代の最も影響力のある人物の第4位にあげている．これはシェイクスピアの一つ上である．（ちなみに，1位グーテンベルク，2位ニュートン，3位マルチン・ルターである．）

ラマルク（1800年代）
フランスの博物学者ラマルク（Jean-Baptiste de Lamarck）は，生物が環境中で成功するような構造的な変化によって進化してきたことを示唆した初期の学者の一人である

7・1

ダーウィンの教育
(1825〜1831)
彼は最初医学部に入学したが、その後牧師になるべくケンブリッジ大学に入学し、教養学士の学位を取得した

ダーウィンの生活
(1830年代〜1850年代)
ダーウィンは航海を終えたころには、地球と地球上の生物はずっと古くて、常に変化してきたことを確信した。彼は何十年間も、文献を読み、標本(自分の甲虫の標本など)を分析し、自分の考えについて学者と議論した

ダーウィンの甲虫標本
(一部)

ウォレス
(1850年代)
1850年代の終わりごろ、ダーウィンの知人であったウォレス (Alfred Russel Wallace) は、独自に自然選択という考えに到達し、発表しようとしていた。これによりダーウィンは、何十年に及ぶ証拠の蓄積と考えをまとめて、急いで論文を書くことになった

ウォレス
(1823〜1913)

サイチョウの一種 *Buceros cassidix* に関するウォレスの記録とスケッチ (1856)

1830年代

1850年代

ビーグル号の航海
(1831〜1836)
ダーウィンは22歳で大学を卒業後、測量船である海軍のHMSビーグル号に、博物学者としての職を得た。彼はできる限り上陸して、化石や生物を採集した。彼は、南米大陸の西にあるガラパゴス諸島における生物の多様性に強い印象を受けた。ガラパゴス諸島では、島ごとにほかでは見られない固有種が多く生息していた

ガラパゴス諸島の地図

ガラパゴス諸島イサベラ島のゾウガメ
Geochelone nigra

ガラパゴス諸島のウミイグアナ
Amblyrhynchus cristatus

種の起原
(1859年)
1859年にダーウィンは『種の起原 (The Origin of Species)』を出版した。この書物のなかでダーウィンは、自然選択による生物進化に対する強力な議論を展開し、同時にそれを支持する膨大な証拠を提出した。この書物はただちにベストセラーになり、また150年経った現在でも生物学における最も影響力のある書物である

コアアイデア
- ダーウィンは、当時の科学や文化の変化を受け、さらにHMSビーグル号による航海やその後の研究によって、『種の起原』において地球上の生命に関する、当時広く受容されていた考えとは異なる概念を提出した。

7・2　自然選択と人為選択

ダーウィンは『種の起原』で，重要な2点を指摘した．第一に，**進化**という概念を提示した．つまり，すべての生物種は祖先種に由来し，個々の種は生息場所に適合するための変化を集積してきた．これは**適応**とよばれる．第二に，進化がどのように起こったかという質問に答えた．それが**自然選択**である．これは，ある形質をもつ生物は，他の生物より生存と増殖の可能性が大きくなるということである．ダーウィンのこの二つの概念は，論理と，自然界の多くの例，および人類による動植物の改変（**人為選択**）によって支持されている．進化は，生物の驚くほど広範囲な多様性を理解するための統一的理論である．

自然選択：観察と結論

ダーウィンは『種の起原』で，いくつかの観察とそこから導かれる結論に基づいて自然選択説を提唱した．シマウマを例にその論理をみてみよう．

観察：過剰な個体数
生物の個体群はどれも急速に個体数を増加させる可能性をもっている．シマウマを含むどの個体群も，世代ごとに増殖することができる

観察：限りある資源
環境中の資源，生息空間，水，日光などは，比較的定常的である．たとえば新しい水場が毎年出現するとは限らない

結論：競争
環境が支えられる以上の個体が生まれるので，個体間には常に限られた資源をめぐる競争が起こる．生まれたシマウマのすべてが成体まで生き延びることはない

観察：変異
個体群中の個体は遺伝する形質の多くの点で異なっている．ヒトが全員同じでないことはよくわかるであろう．どの生物個体群でも，注意深く観察すれば，2個体が完全に同一でないことが明らかである

結論：自然選択
平均して環境によりよく適合している変異をもつ個体は，生存と生殖の可能性が高いと考えられる．ダーウィンはこのような生殖における成功の違いを"自然選択"とよんだ．たとえば，足の速いシマウマは，ライオンから逃れる可能性が高い

観察：遺伝
生物の形質はしばしば次世代に伝えられる．たとえば，足の速いシマウマの子はそうでないシマウマの子より平均して足が速い．形質は染色体（図）によって伝えられる

結論：進化
形質は世代から世代へと伝えられ，またある個体は生存と生殖の可能性が大きいので，個体群は時間とともに変化し，環境により適合するようになる．ダーウィンはこれを，変化を伴う由来，とよんだ．これが自然選択による進化である

進化についての重要なポイント

現在では生物進化の考えは広く受け入れられているが，一方で誤解も多い．そのいくつかを考えてみよう．

個体は進化しない
個体が進化する，と誤って考える人が多い．自然選択は個体に作用するが，進化は個体群における何世代もかかる変化である

自然選択は遺伝する形質に作用する
もう一つの誤解は，筋肉の量や髪型などの形質が次世代に伝わる，という考えである．遺伝子にコードされて，子孫に伝わる形質のみがその世代の生殖の成功度に寄与する

進化にゴールはない
進化は毎世代一定速度で進行するわけではない．また，生物が将来必要とするものを先取りすることもない．進化はその時々の環境によってのみ駆動される

7・2

身近な自然選択の例

自然選択による進化は，30億年のあいだ地球上で進行してきた．しかしそれは過去のできごとではない．進化は現在でも進行し，それはわれわれの生活にも直接関係している．

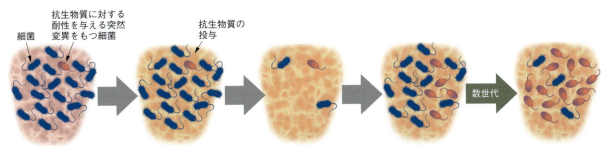

❶ **変異を示す個体群**
ここに示す細菌のあるものは抗生物質に対する耐性が異なっている．ある個体は突然変異によって抗生物質の存在下でも生存の可能性が高い

❷ **環境の変化**
細菌の生息環境が，抗生物質の投与によって変化する

❸ **環境に適合しない形質をもつ個体の排除**
耐性遺伝子をもたない細菌は死滅する．耐性遺伝子をもつ数少ない細菌は生存する

❹ **生存細菌の増殖**
自然選択によって，ある個体は他のものより活発に増殖する．耐性遺伝子は次世代に伝えられる

❺ **時間の経過とともに起こる個体群の変化**
多くの世代が経過すると，個体群中の耐性細菌の割合が増加し，抗生物質は効果が弱くなる

人為選択

『種の起原』においてダーウィンは，人類が何万年ものあいだ飼育栽培した生物を選択してきたことを述べ，これを**人為選択**とよんだ．人間が期待する形質をもつ個体を掛け合わせることで変化を伴う由来を実践してきた．その結果，飼育栽培された生物は，祖先とはかけ離れた性質をもつことがある．

ハイイロオオカミ *Canis lupus* は，何万年も前に家畜化され，現在のすべてのイヌの祖先である

グレートデン　チワワ　ビーグル

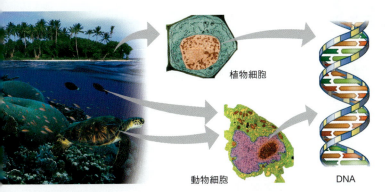

植物細胞
動物細胞
DNA

生物多様性と進化

進化の考え方は，地球上の生物の驚くほどの多様性と，その根底にある統一性を理解させてくれる．多様な生物も，細胞や分子的な性質の点では共通性をもっている．すべての生物は多くの共通点をもつ細胞からできているし，遺伝物質としては化学的に類似のDNAをもっている．これは生物が共通の祖先から，変化を伴いつつ由来したと考えれば，説明がつく．

コアアイデア
- 自然選択は身近に観察される自然現象から導かれる論理的な帰結である．
- 進化は，家畜などの人為選択，病原菌の変化など，いろいろなところにみられる．

7・3 進化の証拠

ダーウィンの自然選択説は，自然界の観察に基づいていた．特にダーウィンや他の博物学者は，現生生物と似てはいるが明らかに異なる生物の化石から強い印象を得た．化石記録は，現在でも進化理論を支持する最善の，そして容易に観察することのできる証拠である．さらに，現生生物の地理的分布や比較解剖学からも，生物進化の証拠が得られる．

化石記録

水が陸地を削り，砂などが海に流入する．生物の死骸が堆積物の中に落下して埋もれる．何百万年が過ぎると，これらの堆積物は積み重なり，圧縮される．こうして形成された岩石層は，層ごとに特定の時期に死滅した生物の化石を含んでいる．これが**化石記録**であり，より古い化石は下層に，新しい化石は表面近くに存在する．現在では，化石の年代は放射性同位体の測定により，かなり正確に推定することができる．

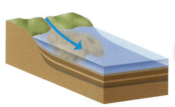

川によって運ばれた堆積物は海洋に流入し，死んだ生物を連続した層の中に封じ込める

地表に現れた堆積物の地層は，下層の古いものほど古い化石を含んでいる

1億8000万年前の魚類 *Lepidotes sp.* の化石

約6億年前のサンヨウチュウ *Huntonia linguifer* の化石

いろいろな化石

堆積岩化石は，周囲の堆積岩から鉱物が生物の有機物と置き換わって形成される．写真は，およそ7000万年前に生存していたカモノハシリュウ *Gryposaurus notabilis* の化石

比較的最近に死んだ生物は，氷中に見いだされることがある．写真のマンモスはおよそ1万年前のもので，1989年にロシア北部の永久凍土で発見された

木の樹液である琥珀はしばしばきわめてよく保存された昆虫を含んでいる

生痕化石は，生物の足跡や移動した跡で，生物の行動を示唆する．写真の足跡は1億5000万年前のアパトサウルス *Apatosaurus* のもの（米国コロラド州）

コアアイデア
- 化石の生成にはいくつかの経路がある．化石はその出現順序によって，また，中間的な種類が存在することによっても，進化の証拠となる．
- われわれのまわりの自然界にも，生物種の分布（生物地理学），形態の比較，そしてDNAやタンパク質の配列の比較（バイオインフォマティクス）など，進化の証拠となるものがある．

生物地理学

生物地理学は種の地理的分布に関する学問で，進化に多くの証拠を提供する．たとえば，オーストラリアで有袋類哺乳類が優勢であり，そのほかの地域では非有袋類（有胎盤哺乳類）が優勢である理由は，進化の考えでは以下のように説明できる．

1億年前
哺乳類は大陸がパンゲアという一つの超大陸を形成していたときに進化した

5000万年前
およそ5000万年前にオーストラリアは大陸から分離した．そのとき，有袋類がオーストラリアに生息していた

現在
隔離されたオーストラリアでは有袋類が進化し，コアラなどが出現した．他の大陸ではしだいに非有袋類が優勢になった．オーストラリア以外では，オポッサムなどごく少数の有袋類のみが生存している

コアラ
Phascolarctos cinereus

アカカンガルー
Macropus rufus

北米のオポッサム
Didelphis virginiana

比較解剖学

現生生物の構造の**比較解剖学**によって，進化的関係が明らかになることがある．

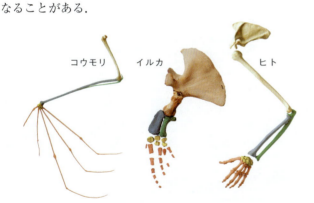

哺乳類（ここではコウモリ，イルカ，ヒト）の前肢の構造を調べると，類似の骨から形成されていることがわかる．もしそれぞれの動物の前肢が固有の目的にかなった構造をしているとすれば，それらの構造はかなり異なっているだろう．そうではなく，これらの前肢が類似の構造をもっていることは，共通祖先の前肢から進化したからだと考えることができる．この骨格構造をもった祖先哺乳類から，何百万年もかけて現在みられる種々の哺乳類が進化した

バイオインフォマティクス

すべての生物はタンパク質の産生にDNAにコードされた遺伝子を用いている．異なる生物からのDNAとタンパク質の配列を比較することで，生物学者は進化的関係を調べる．もし2種のDNAやタンパク質の配列がよく一致していれば，その2種は比較的最近に共通祖先から分かれたと考えられる．このアプローチにはコンピューターによる比較が用いられ，**バイオインフォマティクス**とよばれる．近年は，膨大な配列データが集積され，多くの進化的関係が明らかになっている．たとえばグラフに示すように，チンパンジーのあるDNA配列は，ヒトの配列と最も近く，ついでゴリラと近い．このようなデータは，霊長類の進化の歴史を明らかにする．

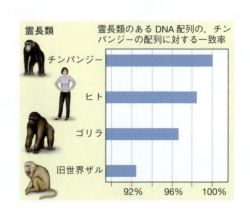

7・4　進化の単位としての個体群

1859年にダーウィンが『種の起原』を出版したとき，科学者はまだDNAの性質，遺伝子，遺伝の分子的基礎などを知らなかった．ダーウィンは形質が伝わることを知っていたが，その機構は全くわかっていなかった．1900年代の中ごろになって，生物学者は遺伝学の知識と進化学の知識を統合させ始めた．この統合によって，進化は世代間のDNAと遺伝子の変化をたどることで理解できるようになったのである．

個体群

進化に関するよくみられる誤解の一つは，個体が進化できる，ということである（§7・2参照）．自然選択は環境に最もよく適合した個体の生存と増殖に有利に作用するという意味で，個体に働きかけるのではあるが，進化そのものは時間経過とともに個体群に起こる変化と定義される．**個体群**はある種の，同時期に同じ場所に生息する個体の群れである．個体群の構成員は交雑し，したがって同種の他の個体群の構成員よりも近縁である傾向がある．個体群は進化しうる最小単位である．

鳥類: 同一の個体群
下の図の鳥は，出会って交雑できるので，同一個体群に属する

リス: 異なる個体群
もし二つの群に属するリスが地理的障壁を越えることができなければ，彼らは二つの隔離された個体群に属する．それぞれの個体群は独立に進化するであろう

魚類: 同一の個体群
下の図の魚は，出会って交雑できるので，同一個体群に属する

遺伝子プール

ある種の構成員は（右に示すチューリップのように）固有の形質をもっている．このような遺伝的変異はどのように生じるのだろうか．突然変異（DNAのランダムな変異）が異なる遺伝子をつくり出す．実際，ほとんどの遺伝子は個体群のなかでも複数の変異をもっている．たとえば，あるハエの個体群において，殺虫剤の分解にかかわる遺伝子の二つの変異を考えよう．一つは殺虫剤を分解する酵素をつくり，他方は分解できない酵素をつくる．有性生殖は遺伝子をランダムに混合し，その結果新しい組合わせが生じる．ある個体群のある時期におけるすべての遺伝子を**遺伝子プール**とよぶ．自然選択は遺伝子プールに作用する．生存率を高める形質はより多く次世代に伝えられ，それゆえに遺伝子プールのなかでしだいにその頻度が増加すると考えられる．

小進化

遺伝子プールは，ある個体群中のすべての個体の，すべての種類の遺伝子からなる．個体群の遺伝子プールは時間とともに変化する．たとえば，ある遺伝子の変異が生存と増殖に有利に作用する（図のウサギの赤い遺伝子）と，その遺伝子は自然選択によって選択される．時間が経つと，この遺伝子の遺伝子プール中の頻度はしだいに高まると期待される．そのような利点をもたない遺伝子（青）は相対的に少なくなる．世代ごとに起こるこのような遺伝子プールの変化は，**小進化**（ミクロ進化ともいう）とよばれ，最も小さい単位の進化である．

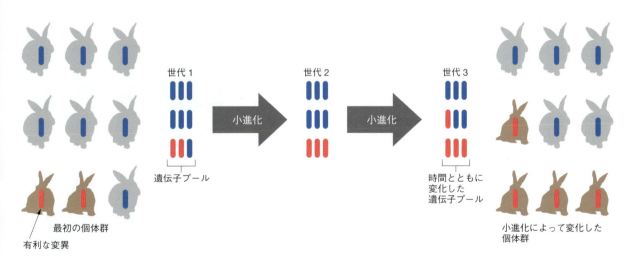

コアアイデア
- 進化は，同種の生殖可能な個体の集まりである個体群に，遺伝子プールを変化させることで，作用する．小進化は世代ごとの遺伝子プールの変化である．

7・5 進化の過程

進化の最も小さい単位は**小進化**とよばれる．これは個体群の遺伝子プール（すべての遺伝子のすべての種類）における世代ごとの変化である．多くの世代を経ると，小進化はその種の周囲の環境に対する適応を高める．それでは遺伝子の変化はどのように起こるのだろうか．いくつかの異なるしくみが小進化を推進する．一方，新種の形成（**種分化**），生物の新規の形質の出現や大絶滅といったより大きな単位での進化（**大進化**）も，進化過程の理解には重要である．

遺伝的変異

個体群とそこに含まれる個体の遺伝的構成の変化は，二つのしくみで起こる．新しい遺伝子を生み出す突然変異と，すでに存在する遺伝子の再配分である．どちらのしくみもランダムに起こる．生存と増殖の機会を増加させる遺伝子の新しい組合わせは，環境要因によって次世代により多く伝えられ，個体群中での頻度が増加する．

遺伝子プールの変化

突然変異

突然変異は DNA に起こるランダムな変化である．たとえば DNA 中の 1 塩基が他の塩基で置き換えられる．突然変異の種類によって，個体になんの影響もないことや，負の効果をもつこと，そしてごくまれに生存可能性を増加させる効果がある．1 個の遺伝子に起こる突然変異率はきわめて低いが，個体群中の全遺伝子を考えると，突然変異は重要な効果をもっている．

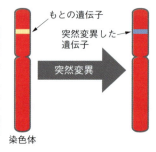

性的組換え

性的組換えは，すでに存在する遺伝子の新しい組合わせをもたらす．配偶子（精子と卵）形成において，染色体は乗換えという過程でその一部を交換し，相同染色体はランダムに配分される．この二つの過程によって配偶子ではその遺伝的構成が大きく異なる

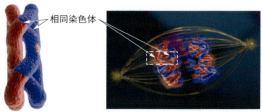

減数分裂における乗換え（左）とランダムな配分（右）

遺伝的浮動とボトルネック効果

自然選択とは無関係に遺伝子プールに偶然に生じる変化を**遺伝的浮動**という．たとえば，大きな個体群では少数の個体の死や移出はほとんど影響をもたないが，ゾウの場合のように個体群が小さいと，ランダムな変異は遺伝子プールに大きな影響を与えることがある．個体群は，災害や新しい生息地への移住などによって極端に個体数が減少することがある．この小さい個体群はもとの大きな個体群に比べると，遺伝子プールが異なっていることがありうる．ある遺伝子の種類は，小さい個体群ではもとの個体群より多いことも少ないこともある．個体数の減少によるこのような遺伝子プールの変化は**ボトルネック効果**とよばれる．それが個体群の縮小によるときは，**創始者効果**とよばれる．たとえば，チーター *Acinonyx jubatus* は，1800 年代に狩猟によって絶滅寸前まで追い詰められた．このボトルネックによって現在のチーターはかつての個体群より，はるかに均一な遺伝子プールをもっている．

コアアイデア
- 遺伝子プールは突然変異，組換え，遺伝的浮動，ボトルネック効果などによって世代ごとに変化する．
- 大進化は種分化（新種の形成），新規形質の出現，大絶滅などを含んでいる．

大進化は大規模な変化を含んでいる

小進化は個体群の遺伝的構成における世代ごとの変化であった．小進化は個体が環境によりよく適合する小規模な適応を説明できるが，地球上の生物の大規模な変遷を説明できない．このような大進化は新種の起原，大絶滅，新しい生命形態の多様化，などといった地球の生命史の大きな変化を含んでいる．

種分化

種分化は進化的に新しい種が形成されることであり，生物多様性を増大させる．地球の全歴史において，祖先種は一つあるいは多数の新種を生じ，それらがさらに繰返し進化して，今日われわれがみるような途方もない多様性をもたらした．種分化は，非枝分かれ進化と枝分かれ進化という異なるしくみで起こる．後者のみが種の数を増加させる．

非枝分かれ進化
これは，祖先種が時間をかけてしだいに変化し，ついには新しい種になることである

枝分かれ進化
これは祖先種が二つあるいはそれ以上の個体群に分かれて新種へと進化することである．新種は相互に，あるいは祖先種とも異なる

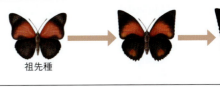
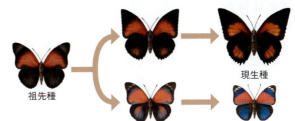

新形質

生物進化の過程では新規の形質が出現してきた．古代の鳥類は飛べない爬虫類から進化した．このような劇的な革新はどのように起こったのだろうか．化石記録はある役割をもつ構造がしだいに他の役割に適合することを示している．たとえば，鳥類の祖先となった恐竜は軽い骨格をもっていて，活発に行動でき，敵からも容易に逃げることができた．この系統からは，時間とともに，長距離の跳躍，ついで短い飛翔，そして最終的には完全な飛翔ができる種類が生じた．このように，飛翔の進化は大進化のよい例である．

1億2500万年前の羽毛はもっているが飛べなかったと思われる恐竜 *Caudipteryx* の想像図

大絶滅

大進化を推進する一つの現象は，化石記録にはっきりと見ることができる．それは**大絶滅**である．地球上の生命進化史は，短いが大災害ともいえる時期によって区切られている．少なくとも5回の大絶滅があり，そのたびに大多数（50〜90%）の種が絶滅した．

今日，多くの生息地で大型の哺乳類が優勢である

現生哺乳類の祖先
Megazostrodon
（およそ2億年前）

恐竜類はおよそ1億5000万年の間地球を支配していたが，およそ6500万年前に巨大な隕石がメキシコのユカタン半島に落下して，その影響でほとんどの恐竜類やその他の生物が絶滅したと考えられている．当時哺乳類は小型で少数であったが，恐竜類の絶滅後まもなく急速に多様化し，陸地のほとんどの生息場所を支配するようになった．このいわゆるKT（白亜紀-第三紀）絶滅は化石記録にはっきりとみられる重要な大進化の例である

7・6　生殖隔離と種分化

子供でも，イヌは種類が異なってもイヌであると認識し，ネコはイヌではないと認識する．われわれは本能的に種というものを知っている．それでは生物学者はどのように同種の構成員を認識し，他の種の構成員と区別するのだろうか．種は，自然界で交雑する能力によって定義される．新種の形成，つまり**種分化**では祖先種が一つまたは複数の種に進化する．種分化では単一の個体群が複数の個体群に分離され，それらが互いに隔離されることが重要である．分離された個体群は異なる選択圧にさらされ，独自の進化をとげることになる．最終的にこれらの個体群は交雑ができなくなり，独立した種となるのである．

種とは何か

種という用語は，ラテン語の"外見"に由来する．われわれも異なる種を識別するのに外見を利用する．しかし，図に示す鳥のように外見だけでは種を認識できない．最もよく用いられる種の定義は，そこに含まれる個体が交雑して健康な子をつくり，その子がまた交雑できる，そのような個体群である．したがって，全く異なるようにみえるイヌの系統も，交雑して健康な子を残せるので，同じ種なのである．同様にすべてのヒトは同種の構成員である．

異なる種

ヒガシマキバドリ
Sturnella magna

ニシマキバドリ
Sturnella neglecta

これらの鳥はよく似ているが，生息場所が異なるので，自然状態では交雑することのない別種である

同種

すべてのイヌは *Canis lupus familiaris* という種に属する

生殖隔離

種を，交雑可能な個体群と定義すると，異なる種の個体が交雑することを妨げているのは何か，という疑問が生じる．それは**生殖隔離**とよばれるいくつかのしくみによる．健康な子をつくる段階に作用するいくつかの隔離機構がある．次に示す隔離以外にも，生殖の時期が異なる季節的隔離もある．

行動的隔離
同種の個体はしばしば仲間を固有の儀式，模様，あるいはにおいで認識する．たとえばクジャクの雌は大きくて美しい尾羽を広げる雄とのみ交雑する

生息場所隔離
生息場所が異なれば，交雑することはできない．たとえば，ヒッコリーマツには3種があるが，それぞれ山で隔てられた異なる地域に生息している

機械的隔離
異なる種の構成員はしばしば解剖学的構造が適合しないために交雑できない．たとえば，ランの多くは卵を保持する器官が固有の形態をもつため，花粉媒介昆虫が特定の種に限定される

雑種弱勢
異なる種の個体が交雑すると，雑種の子が生じることがある．雑種の子は不適合あるいは不妊であることがある．たとえば雌のウマと雄のロバの子であるラバは常に不妊である

漸次的進化

化石記録は，ある種が長時間かけてゆっくりとしだいに変化する様子を示している．そのような場合，種は少しずつ環境に適応し，何百万年もかけて新しい種に分化する．このような種分化は**漸次的進化**とよばれる．漸次的進化は，進化がいつも直線的に進行することを意味しない．新しい種が以前の種と重なることも多い．

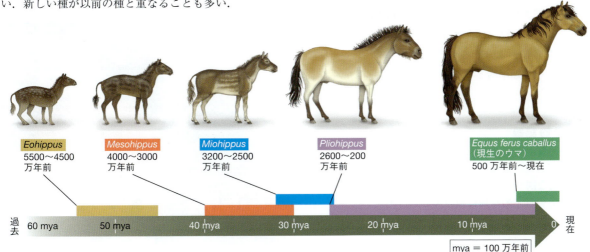

断続平衡

多くの種は化石記録に突然現れ，ほとんど変化しないで持続し，最後は急速に姿を消す．**断続平衡**とは，種の安定した期間が突然の激しい種分化の期間によって中断されることを示している．たとえば，初期の哺乳類は何千万年もの間ほとんど変化しなかったが，恐竜の絶滅後急速（といっても数百万年）に活発な種分化が起きた．もう一つの有名な断続平衡の例は，およそ5億4000万年前に起こった．この時期はカンブリア大爆発とよばれるが，それはきわめて急速な種の多様化が起こり，全く新しい多くの種が生じたからである（図は想像図）．この時期の進化は，完成までにさらに何百万年も要したが，通常の進化速度の数倍も速かった．

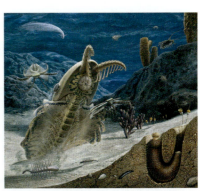

カンブリア大爆発時のいくつかの種（想像図）

地理的種分化

ある場所にリスの1種が生息していた

谷の形成により，生殖隔離が生じて，谷の両側で別の種が分化した

600万年後

地理的障壁による異所的種分化

種分化が同じ場所で進行することを**同所的種分化**，異なる場所で進行することを**異所的種分化**という．異所的種分化は，1種が生息していた場所に地理的障壁（大きな谷や山や海峡など）ができて，土地が分断される場合に起こる．同所的種分化は，植物でよくみられる．

コアアイデア
- 生物学者は，種を交雑可能な個体群と定義する．種々の生殖隔離機構が，異なる種間の健康な子の誕生を防いでいる．
- 新種は長時間かけてしだいに形成される（漸次的進化）ことも，比較的急速に形成される（断続平衡）こともある．

7・7　地球の歴史と生物の分類

地球上の生命史は地球そのものの歴史と密接に関連している．生物と同様にわれわれの惑星も，時間とともにゆっくりと，あるいは急激に変化する．地球の歴史を学ぶと生物進化の情報も得られる．生物を同定し命名してグループ分けすることを**分類学**という．分類学では，生物はまず**ドメイン**というグループに分けられ，さらに，より小さいグループに順次分けられる．これを**分類階級**とよぶ．

地質学的記録

地球の地質学的変化は常に生物多様性の変化を伴ってきた．地球の40億年を超える歴史は，主要な四つの代に分けられる．それぞれは生命史の特定の時期に相当する．古生代，中世代，新生代は，さらにいくつかの紀に分けられる．

46億年前の形成途中の地球に隕石が降り注ぐ様子（想像図）

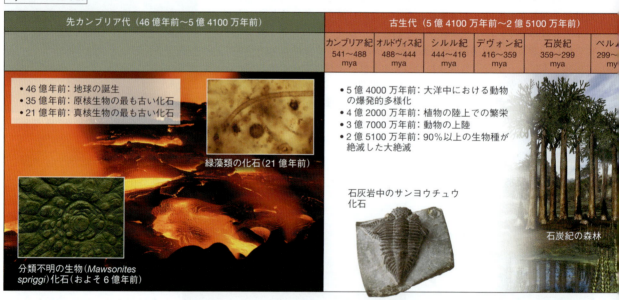

先カンブリア代（46億年前～5億4100万年前）		古生代（5億4100万年前～2億5100万年前）					
		カンブリア紀 541～488 mya	オルドヴィス紀 488～444 mya	シルル紀 444～416 mya	デヴォン紀 416～359 mya	石炭紀 359～299 mya	ペルム紀 299～ my

- 46億年前：地球の誕生
- 35億年前：原核生物の最も古い化石
- 21億年前：真核生物の最も古い化石

緑藻類の化石（21億年前）

分類不明の生物（*Mawsonites spriggi*）化石（およそ6億年前）

- 5億4000万年前：大洋中における動物の爆発的多様化
- 4億2000万年前：植物の陸上での繁栄
- 3億7000万年前：動物の上陸
- 2億5100万年前：90％以上の生物種が絶滅した大絶滅

石灰岩中のサンヨウチュウ化石

石炭紀の森林

大陸移動

地球のプレートが動くことによってその上の大陸も移動している．大陸移動は生物の進化にも大きな影響を与える．右図に示すように，2億年前にはすべての大陸はパンゲアとよばれる大きな塊になっていた．

2億年前

1億年前

生物の分類と3ドメイン説

今日の生物学者は，生物の3ドメイン説を用いる．すべての生物は細菌とアーキアという**原核生物**のドメイン，および**真核生物**というドメインのいずれかに分類される．真核生物ドメインは，植物，菌類，動物という3界に分類される．まだ分類が定まっていない真核生物で，植物，菌類，動物に適合しないものは**原生生物**として分類される．多様な種を分類する作業はまだ進行中で，研究が進行すると変わることがありうる．界の下には，門，綱，目，科，属，種という**分類階級**がある．たとえばトラは，真核生物ドメイン，動物界，脊索動物門，哺乳綱，食肉（ネコ）目，ネコ科，ヒョウ属，トラとして分類される．

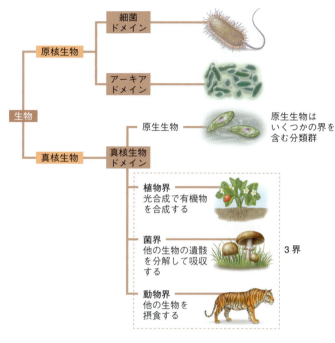

原生生物はいくつかの界を含む分類群

植物界
光合成で有機物を合成する

菌界
他の生物の遺骸を分解して吸収する

動物界
他の生物を摂食する

3界

二命名法

属名
常に大文字で始める → *Panthera* | *tigris* ← イタリック体で書かれた属名と種名で種の名前を表す．種名は常に小文字で始める

分類階級の最後の二つ，属名と種（小）名，はラテン語の二つの単語で表され，これは学名とよばれる．

中生代（2億5100万年前～6500万年前）			新生代（6500万年前～現在）	
畳紀 200 mya	ジュラ紀 200～146 mya	白亜紀 146～65 mya	第三紀 65～2.6 mya	第四紀 2.6 mya～現在
• 2億3000万年前：最初の恐竜 • 1億年前：顕花植物による陸上の支配開始			• 6500万年前：恐竜の絶滅と哺乳類の多様化 • 20万年前：解剖学的に現生人と同じヒトの出現	

二足歩行をした恐竜
ステゴケラス
Stegoceras

初期の哺乳類である
メガゾストロドン
Megazostrodon

およそ4700万年前の初期の哺乳類，ダーウィニウス *Darwinius masillae* の化石

およそ175万年前にアフリカに生息していたヒト科のパラントロプス *Paranthropus boisei* の化石

ジュラ紀の森林

現代のアフリカ

コアアイデア
- 地質学者は地球の歴史に四つの大きな期間を認め，それぞれは固有の生物の出現によって特徴づけられる．
- 生物は最も大きいドメインから最も小さい種まで，階級を形成する分類体系に当てはめられる．生物種は属名と種（小）名という二名法で同定される．

7・8 系統樹と進化

系統学は，生物の進化的関係に注目して行う分類である．系統学の一つの目標は現生生物の進化史を反映することであり，**系統樹**はそれを達成する方法の一つである．系統樹は類縁関係のある生物の進化史に関する仮説を提供する．異なる種を系統樹の上に関連づけて配置することは，化石記録や，可能であればDNAやタンパク質の解析など，いくつかの証拠に基づく．系統樹は地球上の生物の相互関係を理解し研究する助けになる．

系 統 樹

系統樹は一群の種の進化史に関する仮説を提供する．系統樹を正しく読取ると，種の起原について多くの示唆が得られる．

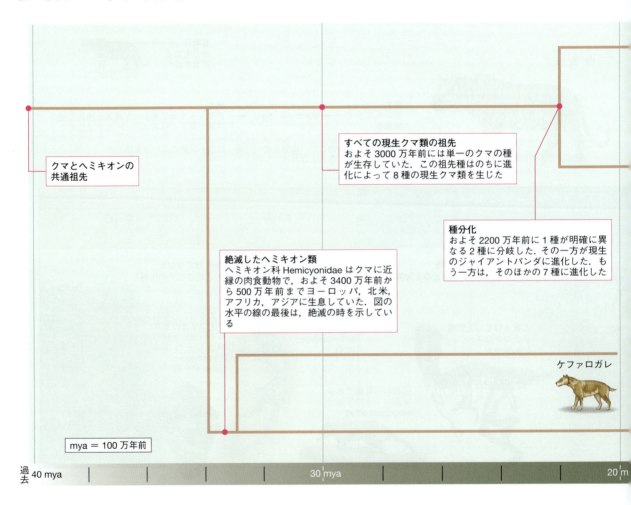

分岐分類学

あなたの曽祖父から出発してすべての子孫を含む家系図を考えてみよう．これは，ある祖先種と，すべての子孫からなる系統樹の1本の枝，つまり**クレード**と同じものである．クレードの解析は，**分岐分類学**とよばれる．図に示した例では，すべての爬虫類は共通祖先に由来する一つの内群つまりクレードをなしている．カエルは爬虫類が共通祖先から分岐する以前に分岐した外群を表している．爬虫類というクレードは，外群とは異なる固有の形質をもっている．この例では，すべての爬虫類は乾燥した陸上でも生存できる堅い殻をもつ羊膜卵を産むが，一方両生類は柔らかい卵を維持するためには水を必要とする．分岐分類学的解析は，進化的な関係を明らかにするのに有用である．

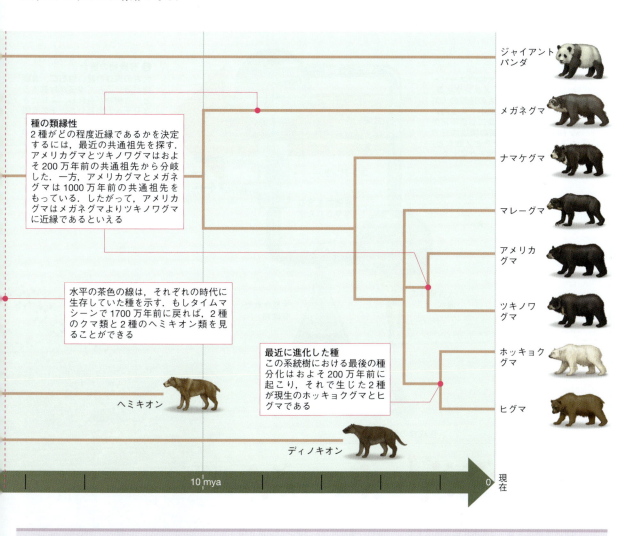

種の類縁性
2種がどの程度近縁であるかを決定するには，最近の共通祖先を探す．アメリカグマとツキノワグマはおよそ200万年前の共通祖先から分岐した．一方，アメリカグマとメガネグマは1000万年前の共通祖先をもっている．したがって，アメリカグマはメガネグマよりツキノワグマに近縁であるといえる

水平の茶色の線は，それぞれの時代に生存していた種を示す．もしタイムマシーンで1700万年前に戻れば，2種のクマ類と2種のヘミキオン類を見ることができる

最近に進化した種
この系統樹における最後の種分化はおよそ200万年前に起こり，それで生じた2種が現生のホッキョクグマとヒグマである

コアアイデア
- 系統樹は生物群の進化史に関する仮説を提供する．系統樹を読み解くと，共通祖先から分岐したすべてのグループであるクレードについて知ることができる．

8　生物多様性1──微生物

8・1　生命の起原

生命に満ちあふれている現在の地球と異なり，太古の地球には全く生物が存在していなかった．約46億年前にガスや塵，岩などの衝突により地球が誕生した．太古の地球は，隕石の衝突などによりきわめて熱く，溶けていた．その後，地球全体が冷え，地表が固まった．約39億年前までには地表も安定し，生命誕生のための環境が整った．この生命誕生の経緯について，さまざまな仮説が提唱されている．

生命の誕生

現在の生物を構成するすべての細胞は細胞分裂により増殖するが，それでは**生命誕生**（バイオジェネシス）のきっかけとなった最初の細胞はどのように生じたのだろうか．原始の地球における化学的・物理的な一連の過程により，生命誕生がもたらされたという仮説がある．しかし，以下の仮説には，まだ多くの議論の余地がある．

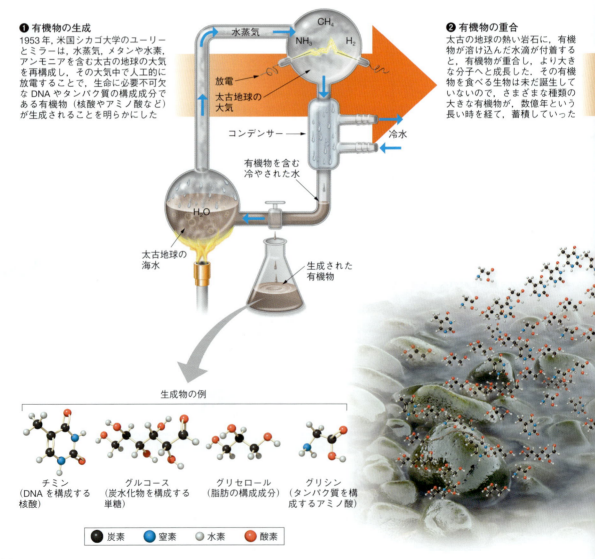

❶ 有機物の生成
1953年，米国シカゴ大学のユーリーとミラーは，水蒸気，メタンや水素，アンモニアを含む太古の地球の大気を再構成し，その大気中で人工的に放電することで，生命に必要不可欠なDNAやタンパク質の構成成分である有機物（核酸やアミノ酸など）が生成されることを明らかにした

❷ 有機物の重合
太古の地球の熱い岩石に，有機物が溶け込んだ水滴が付着すると，有機物が重合し，より大きな分子へと成長した．その有機物を食べる生物は未だ誕生していないので，さまざまな種類の大きな有機物が，数億年という長い時を経て，蓄積していった

生成物の例

チミン
（DNAを構成する核酸）

グルコース
（炭水化物を構成する単糖）

グリセロール
（脂肪の構成成分）

グリシン
（タンパク質を構成するアミノ酸）

●炭素　●窒素　●水素　●酸素

太古の地球環境

太古の地球の大気は，いまの組成と全く異なっていた．あちこちで火山が爆発し，水蒸気，窒素ガス，二酸化炭素やメタン，アンモニア，水素ガス，硫化水素を含むような大気が形成された．太古の地球が冷えるにつれ，水蒸気は雨となり広大な海ができた．こうして，生命誕生のための環境が整った．25億年前までは，光合成を行う生物がほとんどいなかったので，それまでは大気中に酸素はほとんどなかった．光合成を行う生物が登場した後に代謝産物として酸素が生成され，徐々に大気中に蓄積していった．

❸ 分子の自己複製

生命が繁栄するためには，世代を超えて遺伝情報を伝えることが必要不可欠である．それには自己複製できる分子が要求される．科学者は，生命の起原において重要だったのは，自己複製できる RNA が自発的かつランダムに形成されたことだと考えている．DNA の複製にはタンパク質が必要だが，RNA は RNA のみで複製できるので，RNA が最初の遺伝物質だと考えられている．より速く，そして正確に複製できる RNA は，より多くのコピーを残した

❹ 細胞の誕生

太古の海で生成された脂質が，水に浮かんだ油のように自然と融合して小さな泡をつくり，内部に水を保持した．内部の水に，自己複製分子が含まれれば，それはきわめて原始的な細胞ということができる．現在の細胞は，脂質でできた膜の中にある細胞質に有機分子が閉じ込められたものである

→ 自然選択による進化

ランダムに合成された RNA のなかには自己複製できるものがある

鋳型 RNA

新しく複製された RNA

自分と同じ RNA（コピー）をたくさん複製できる RNA もある

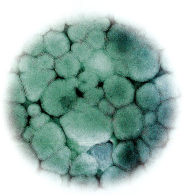

原始の細胞は自然選択の対象となり，最もよく適応したものが選択され，増殖していった

コアアイデア
- 太古の地球で始まった生命誕生の過程は，有機物の合成・重合と，それに続く自己複製可能な有機物を取込んだ原始の細胞の誕生へと，段階的に進んでいった．

8・2　多様な原核生物の世界：アーキア

地球上の生物は，三つの大きなグループ（ドメイン）に分類されている．**アーキア**（古細菌）**ドメイン**，**細菌**（バクテリア）**ドメイン**，**真核生物**（ユーカリア）**ドメイン**である．アーキアと細菌は**原核生物**として共通の性質をもっている．真核生物は，菌類，植物，動物を含んでいる．地球上に最初に誕生した生命は原核生物である．生命誕生後，10億年以上にわたって原核生物が繁栄していた．原核生物は，多くの生物が生息できないような環境でも生活できるので，地球上のあらゆる場所から見つかっている．特にアーキアは極限生物ともよばれ，高い塩濃度，高温などの厳しい環境にも生息している．

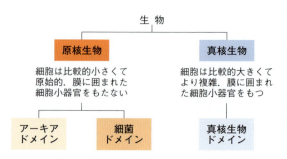

原核生物の構造的特徴

すべての原核生物は単細胞であるが，形と大きさはまちまちである．

多くの原核生物は1本または複数の鞭毛により，より適切な環境へと移動することもできる

細胞壁は粘着性の莢膜をもち，極限環境から身を守ることができる

多くの原核生物が細胞膜の外側に**細胞壁**をもち，それによりさまざまな環境に適応できる

胃かいようをひき起こすピロリ菌 *Helicobacter pylori*

内生胞子をつくる原核生物もある．極度な乾燥や熱，寒さや毒にも耐えられる厚い殻をもち，生育に適した環境になると，成長を再開することができる

内生胞子

炭疽をひき起こす炭疽菌 *Bacillus anthracis*

二分裂による増殖

多くの原核生物は**二分裂**により増殖する．細胞は遺伝的に同一の二つの細胞に分かれる．その後，二つの細胞は四つ，八つと，世代ごとに倍加するので，短期間で大集団になる場合もある．

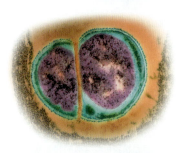

二分裂により増殖する，中耳炎をひき起こす原核生物 *Alloiococcus otitidis*

原核生物の形

球菌
虫歯をひき起こす *Streptococcus mutans*．しばしば鎖のようにつながる

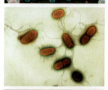

桿菌
大腸菌 O157:H7 株

らせん菌
ライム病をひき起こす *Borrelia burgdorferi*

アーキア

アーキアには，メタン生成菌，好塩菌，好熱菌などのように，厳しい環境に適応しているものがある．

メタン生成菌

メタン生成菌は，分厚い泥の中や湿地の底，沼地などのような嫌気条件（酸素がない条件）で生育し，メタンガスを排出する．

南極海に生息するメタン生成菌 *Methanococcoides burtonii* −2.5℃の環境にも耐える

メタン生成菌はゴミ処理場でも悪臭の原因となる

好塩菌

好塩菌は塩湖や死海のように塩分濃度が海水の5〜10倍も高い環境で生育する．

高塩，80℃程度の高温，pH 7〜9のアルカリ環境で生育する *Ectothiorhodospira*

イスラエルの死海

最も過酷な環境にある湖の一つ，アフリカのナトロン湖の衛星画像を見ると，橙色の色素をもつ好塩菌により，岩塩が橙色になっている．この好塩菌を餌とするフラミンゴはその色素を取込み，橙色になる

好熱菌

好熱菌は高温環境で生育する．熱水噴出孔や温泉，間欠泉のような太古の地球環境に近い場所で繁栄する．

米国イエローストン国立公園のグランド・プリズマティック・スプリングは好熱菌により美しく着色されている

コアアイデア
- 生物は，アーキアドメイン，細菌ドメイン，真核生物ドメインの3ドメインに分類される．アーキアと細菌は原核生物である．
- 原核生物であるメタン生成菌，好塩菌，好熱菌はアーキアであり，過酷な環境で生育する．

8・3　多様な原核生物の世界: 細菌

細菌は，ヒトの体表や体内も含めて，地球上のあらゆる場所で生育する身近な原核生物である．細菌といえば，われわれの健康をむしばむような有害な細菌を思い浮かべるかもしれないが，われわれの体や環境を健康に保つために必要不可欠な細菌もいる．細菌の染色体は 1 本の環状 DNA である．細菌は通常，二分裂し，無性的に増殖する．したがってすべての子孫は親細胞と遺伝的に同一なクローンである．しかし細菌は，別の細菌から遺伝子を受取るしくみももっている．

役に立つ細菌
人間社会に役に立つ細菌をみてみよう．

下水処理． 下水処理場では，下水に原核生物（細菌とアーキアの両方）を加え，汚物を分解させる

バイオレメディエーション． 環境汚染物質を分解・除去するために細菌が利用される

窒素固定細菌
植物が根から窒素源を吸収できるように，大気中の窒素ガスをアンモニアに変換する細菌

窒素ガス　（植物は直接利用できない）

土壌細菌 *Nitrosomonas*

植物への取込み

NH_4^+

有害な細菌
ある種の細菌は病原体として病気をひき起こす．実際，ヒトの病気の約半分は細菌が原因である．

ペスト菌 *Yersinia pestis*
1300 年代に，ヨーロッパ人口の 1/3 が死亡した黒死病をひき起こした細菌として知られる

サルモネラ菌 *Salmonella*
食中毒の最も主要な原因菌の一つ．非衛生的な状態により感染し，深刻な胃腸炎をひき起こすこともある

黄色ブドウ球菌 *Staphylococcus aureus*
皮膚に常在し，体内に侵入すると種々の感染症をひき起こす

コアアイデア
- 地球上のほとんどの生物は，窒素固定や排出物の分解を細菌に依存している．しかし，細菌は深刻な病気をひき起こすこともある．
- 細菌は無性的に増殖するが，形質転換や形質導入，あるいはプラスミドや接合によって，細菌間で DNA を転移できる．

形質転換

形質転換とは，細菌が外部環境からDNAを取込むことである．死細菌などから環境中に放出されたDNAの断片を細菌が取込む場合がある．この場合，細菌は"形質転換された"という．たとえば，薬剤耐性細菌由来の外来DNA断片を耐性のない細菌が取込んだ場合，薬剤耐性を示すように形質が転換する場合がある．

形質導入

形質導入とは，細菌に感染するウイルスである**バクテリオファージ**（ファージともいう）により，細菌の遺伝子が転移することである．ウイルスが細菌に感染すると，ウイルスは自分のコピーを細菌につくらせる．そのときに，宿主細菌の染色体が分断され，その一部のDNAがウイルスに取込まれる場合がある．宿主細胞が破裂し，たくさんのウイルスが放出された後，細菌のDNA断片をもったウイルスが他の細菌に感染し，以前感染した細菌のDNA断片を新たに感染した細菌に注入する．このように，ウイルスが細菌間でのDNAの転移を媒介する．

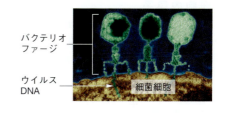

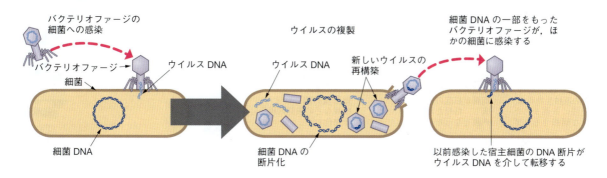

プラスミド

プラスミドは多くの細菌中に存在する環状DNAで，少数の遺伝子を含む．細菌DNAとは独立に複製する．プラスミドを利用して，遺伝子を転移させることができる．

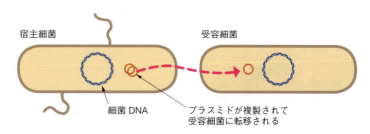

接合

接合とは，ある細菌から別の細菌に，**性線毛**とよばれる通路を使って，複製したDNAを転移させることである．

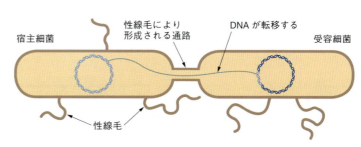

8・4 真核生物の進化

生物の進化の過程で最も重要なできごとの一つは，細胞小器官のような複雑な構造をもつ**真核生物**の登場である．原核生物が出現してからおよそ14億年後の21億年前までに，最初の真核生物が誕生した．真核生物には，植物や菌類，動物や原生生物が含まれる．真核生物は，いくつかの段階を経て進化したと考えられている．植物，動物，菌類以外の真核生物を**原生生物**といい，原生動物，アメーバ，粘菌，藻類などきわめて多様な生物が含まれる．

細胞内膜系

真核生物における顕著な特徴の一つに，**細胞内膜系**があげられ，小胞体，核膜，ゴルジ体，小胞や細胞膜が代表的な例である．真核生物の細胞内膜は，祖先細胞の細胞膜が細胞質内に折りたたまれて進化したと考えられている．

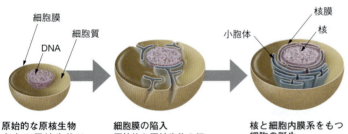

原始的な原核生物
太古の原核生物は，現在の原核生物同様，細胞膜に包まれた単純な構造をもっていた

細胞膜の陥入
原始的な原核生物の細胞膜が細胞の内側に陥入し，折りたたまれて内膜となった

核と細胞内膜系をもつ細胞の誕生
細胞膜の陥入により，核膜などの細胞内膜系が進化した

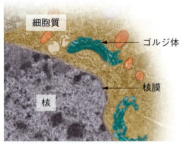

ヒトの神経細胞
内膜系をもつ細胞小器官が見える

小胞
小さな膜で囲まれた袋で，細胞内を行き来する．小胞は細胞小器官から出芽し，多くの細胞小器官に融合することで，細胞小器官間で膜のやりとりを行う

細胞内膜系
一連の細胞小器官は膜でつながっている

コアアイデア
- 約21億年前，原始的な原核生物で細胞膜の陥入が起こり，自由生活をする原核生物を取込むことで真核生物に進化した．
- 原生生物は多様な形をしており，多様な生活様式をとる．一般的な原生生物には原生動物，アメーバ，粘菌，藻類がある．

細胞内共生

ある生物の細胞内に他の生物が取込まれ，宿主細胞内で他の生物が生活するという**細胞内共生**が起こったことが，真核細胞の進化の重要な段階であったと考えられている．自由生活をしていた小さな原核生物が真核生物に取込まれた結果，真核生物の二つの重要な細胞小器官であるミトコンドリアと葉緑体が誕生した．この細胞内共生は，宿主生物と取込まれた生物両方の生物の生活にプラスに働き，進化的に有利であったため，両者の相互依存の関係ができあがった．現在は，この細胞小器官と真核細胞は互いに単独では生きられない．ミトコンドリアや葉緑体は，原核生物様の独自のDNA，RNAやタンパク質をもつ．このことも，ミトコンドリアや葉緑体が細胞内共生によって生じたという仮説の傍証の一つである．

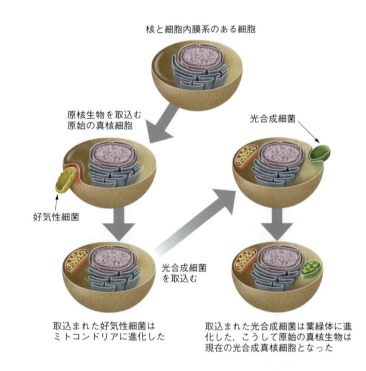

原生生物

原生生物は単細胞から多細胞のものまで多様な生物群であるが，すべて真核生物である．

ゾウリムシ *Paramecium*（原生動物）．淡水に生息し，繊毛によって水中を移動して摂食する

アメーバ *Amoeba proteus*．葉状仮足によって移動する

粘菌．林床の落ち葉などで生育する．10 cm程度に成長する場合もあるが，多核の単細胞生物である

藻類．珪藻はケイ素でできた殻をもつ

8・5　多細胞生物の進化

地球上の生物は，約12億年前の多細胞化により，飛躍的に進化した．この多細胞化は，地球の歴史上で1回だけ起こった特別なできごとではなく，複数回，独立に起こり，原生生物から多様な生物が進化した．10億年以上前に起こったこの**多細胞生物の進化**の過程についてみてみよう．

多細胞生物の進化

コロニー（群体）をつくる生物は，単細胞原生生物から多細胞生物への進化の中間段階に位置すると考えられる．コロニーとは，自由生活を行う個々の単細胞生物が物理的に弱く結合し，集合した共同生命体である．単細胞生物の集合体になることで，生命活動の分業化ができるようになり，効率的に増殖することが可能となった．このようにして，コロニーをつくる生物が自然選択されていった．進化の過程で，コロニーを構成する各細胞はより特殊化し，さらに分業化が進んでいった．しだいに分業化が進んだ細胞は単独では生活できなくなり，多細胞真核生物が誕生した．

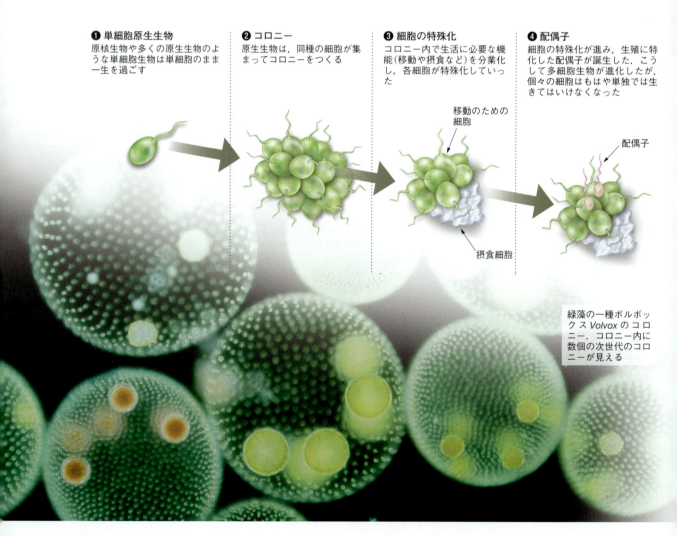

❶ 単細胞原生生物
原核生物や多くの原生生物のような単細胞生物は単細胞のまま一生を過ごす

❷ コロニー
原生生物は，同種の細胞が集まってコロニーをつくる

❸ 細胞の特殊化
コロニー内で生活に必要な機能（移動や摂食など）を分業化し，各細胞が特殊化していった

❹ 配偶子
細胞の特殊化が進み，生殖に特化した配偶子が誕生した．こうして多細胞生物が進化したが，個々の細胞はもはや単独では生きてはいけなくなった

緑藻の一種ボルボックス *Volvox* のコロニー．コロニー内に数個の次世代のコロニーが見える

地球上の生命の進化の歴史

多細胞生物は，地球上の生命の進化の過程で，多くのターニングポイントを経て，進化した．

mya = 100 万年前

4500 mya — 46 億年前　地球誕生
46 億年前に地球が誕生し，およそ 40 億年前までには，地球が固化した

3500 mya — 35 億年前　原核生物の起原
35 億年前までに地球上には多くの種類の原核生物が出現した

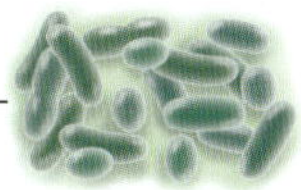

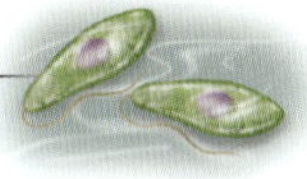

2500 mya — 21 億年前　真核生物の起原
21 億年前の化石記録には，比較的大きく複雑な構造をもち，細胞内膜系や細胞小器官のある真核生物が出現している

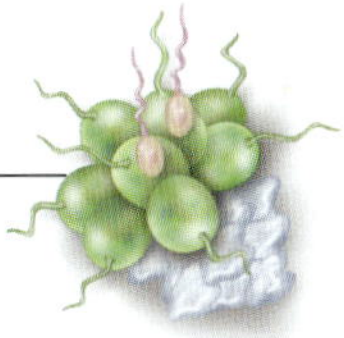

12 億年前　多細胞生物の起原
12 億年前までには多細胞真核生物が誕生した．最も古い多細胞生物の化石は 12 億年前の藻類の化石である

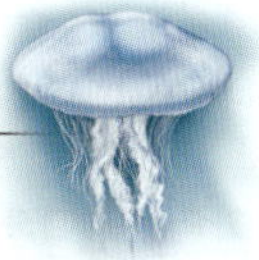

6 億年前　動物の起原
最初の動物の化石は 6 億年前のものである

4.8 億年前　陸上への進出
4.8 億年前までには，地表を植物と菌類が覆い始めていた

250 万年前　人類の出現
250 万年前に，ようやく *Homo* 属が化石記録に登場した

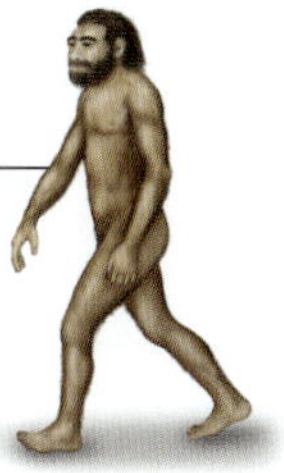

コアアイデア

- コロニーをつくる原生生物から多細胞真核生物への進化は，地球上の生命の歴史で最も重要なできごとの一つであった．

8・6　ウイルスとプリオン

多くの生物学者は**ウイルス**を生物とはみなしていない．ウイルスは細胞ではないし，自己複製もできない．ウイルスは生細胞に寄生し，宿主細胞のしくみを利用しないと複製できない．後天性免疫不全症候群（エイズ，AIDS）などの病気をひき起こすものもある．**プリオン**は正常な脳にも存在するタンパク質であり，構造変換により感染性となって，さまざまな動物に致死的な病気をひき起こす．

ウイルスの構造
ウイルスは単純な構造をもつ．DNA や RNA のような遺伝物質がキャプシドとよばれるタンパク質で包まれている．

スパイク
ウイルスの表面にはタンパク質でできた棘のようなスパイクがある．このスパイクを使って，宿主細胞の表面タンパク質に結合する．このタンパク質間相互作用は特異的でウイルスが感染できる細胞種は厳密に決まっている

核酸
すべてのウイルスは核酸でできた遺伝子をもつ．通常の細胞は遺伝情報として二本鎖 DNA をもつが，ウイルスは DNA でなく RNA を遺伝物質としてもつ場合がある．遺伝物質としての核酸は，一本鎖の場合もあれば二本鎖の場合もある

キャプシド
ウイルスの外被は，数種類のタンパク質でできている．細胞内でキャプシドタンパク質が合成されると，自己集合し，新しい外被ができる

バクテリオファージの溶菌生活環と溶原生活環
細菌に感染するウイルスは**バクテリオファージ**（ファージともいう）とよばれる．ウイルスが細菌に感染した場合，ウイルスは2種類の生活環，溶菌生活環（図左）と溶原生活環（図右）をとることができる．

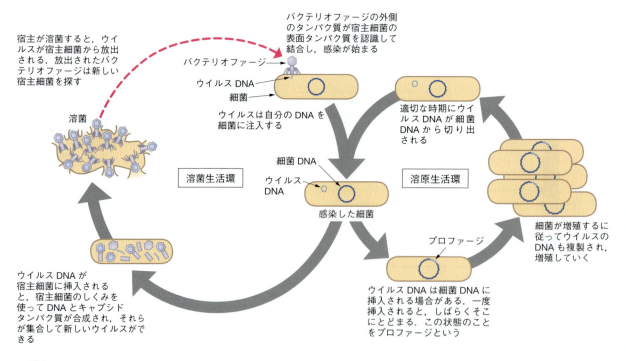

HIVの生活環

エイズは，ヒト免疫不全ウイルス（HIV）によってひき起こされる．HIVはRNAゲノムをもつレトロウイルスで，感染の過程でヘルパーT細胞を破壊するので，ヒトの免疫系が破壊され，日和見感染を起こしやすくなる．

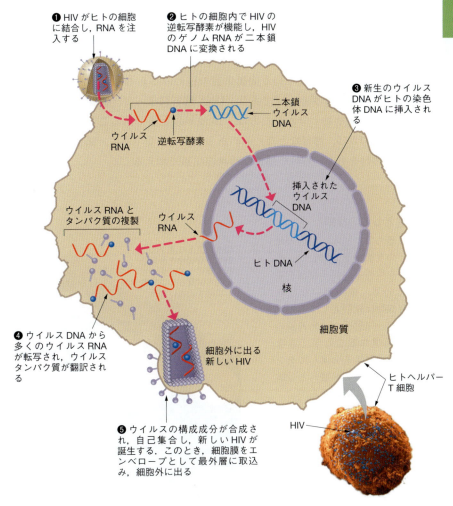

プリオン

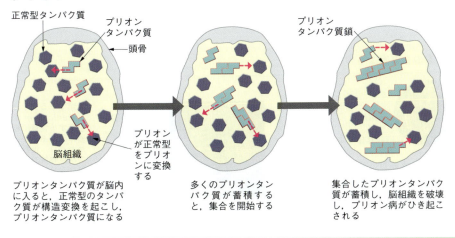

プリオンは感染性のタンパク質であり，治療不能な致死的な病気をひき起こす．通常の脳にも存在するタンパク質が，その構造変換により，さまざまな動物でさまざまな病気をひき起こす．ヒトのクロイツフェルト－ヤコブ病，ウシの海綿状脳症，ヒツジのスクレイピーなどがある．

コアアイデア
- ウイルスは非生物の構造体で，種々の細胞に感染し，他の生物の細胞を利用して自己複製する．HIVのように病原体となるものも多い．
- プリオンは寄生性のタンパク質で，プリオン病の原因となる．

9 生物多様性2——菌類と植物

9・1 菌類：キノコやカビの仲間

菌類は**真核生物**に属し，多細胞のものと単細胞のものがある．光合成は行わず，他の生物から栄養を得る従属栄養の種のみからなるが，10万種以上が知られる多様なグループである．DNA解析によって，菌類と動物の共通祖先が原生生物と分かれたのは，10億年以上前であることがわかった．キノコやカビ，酵母などなじみのある生物も菌類である．菌類は比較的単純な体制をもち，有性生殖または無性生殖で増える．

分解者としての役割

菌類は落ち葉や枯木，動物の死骸などの有機物を分解して，その成分を生態系に戻す役割を果たしている．菌類がいなければ，有機物は死骸として蓄積するだけで，生態系の食物連鎖のなかを循環することができない．菌類は酵素を分泌してタンパク質分子をアミノ酸へと分解し，栄養として吸収する．

倒木に生えるキノコは倒木の有機物を分解吸収することで，死んだ生物を栄養として生態系に戻すことになる

菌類の仲間

菌類には，ヒトにとって有用なものも有害なものもある．

酵母は単細胞の菌類で，出芽によって無性的に繁殖する．人類は大昔から酵母を利用してパンや酒などをつくってきた

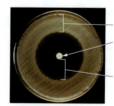

細菌の生育
ペニシリンをしみこませた沪紙
ペニシリンが細菌の生育を阻害している

菌類であるアオカビ *Penicillium* が生産する物質に殺菌作用があることがわかり，世界初の抗生物質であるペニシリンができた

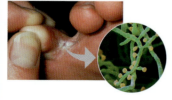

ヒトの病気の原因となる菌類は約50種類知られている．水虫も菌類がひき起こす感染力の強い病気である．菌類による病気には抗生物質がよく効く

カビは無性的に胞子をつくって急速に繁殖する．パンについたカビは，酵素でパンのデンプンを糖に分解し，それを栄養として吸収する

キノコの構造

キノコは最も身近な菌類である．いわゆる"キノコ"は，たくさんの細い**菌糸**が集まってできる生殖のための器官で，**子実体**とよばれる．地下に張り巡らされる菌糸は**菌糸体**とよばれ，大きく広がってその重量が子実体よりも大きくなることがある．

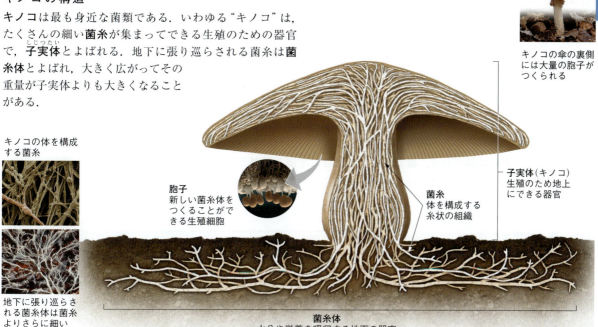

菌類の生殖

菌類は有性生殖をすることも，無性生殖をすることもある．無性生殖では，キノコの傘の裏に単相（ゲノムを一組もつ個体，一倍体）の**胞子**が無数にできる．胞子は空気や水によって運ばれ水分や栄養のある場所にたどり着くと，そこで発芽して単相の菌糸体をつくる．異なる個体から生じた二つの菌糸体が接触して，互いの細胞が融合すると複相（ゲノムを二組もつ個体，二倍体）の接合子となる．接合子はその後分裂して単相の胞子をつくる．

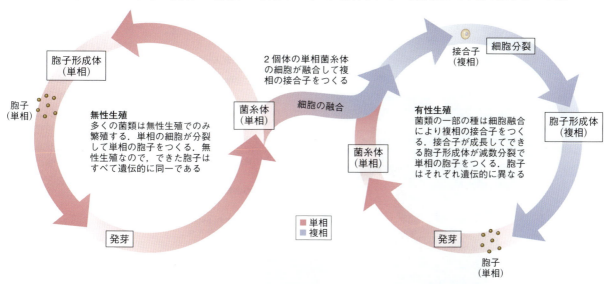

コアアイデア
- 菌類は大きな分子を分解し，栄養として吸収する．菌類が分解することによって，栄養が生態系を循環できるようになる．
- 菌類には食料や薬として有用なものもあれば，病気や腐敗の原因となる有害なものもある．
- キノコは地下の菌糸体と地上の子実体からなり，無性生殖も有性生殖も行う．

9・2 植物の構造と陸上生活への適応

約5億年前,海や湖などの水域には多くの藻類が生育していた.そのなかから陸上生活に適応する種類が現れた.これが**陸上植物**であり,その後陸上のさまざまな環境で急速に多様化していった.植物は,水と栄養(ミネラルなど)を土壌から,光と二酸化炭素を大気から得るために,地中の**根**と地上の**シュート**という基本構造をもつようになった.シュートには,茎,葉,そして生殖器官である花が含まれる.植物の組織には,**維管束組織**,**基本組織**,**表皮組織**があり,維管束組織はさらに**木部**と**師部**という通道組織に分かれる.葉にはガス交換を調整する構造がある.

水中と陸上の環境の違い

水中から陸上へ進出するためには,いくつかの適応的な進化が必要であった.陸上で生活するには,水分を獲得して保持する機能,重力に逆らって直立する機能,空気と地面から水や栄養を得る機能などが必要である(右表).

	藻類	植物
水分	水中なので周囲にある	地中から吸収して根,茎,葉に輸送
支え	浮力で立っていられるので強度は不要	重力に逆らって立つだけの強度が必要
生殖	生殖細胞は水中に放出されるので乾燥の危険はない	生殖細胞が乾燥しないような保護器官が必要
固定	岩や石の表面などに固着する小さな付着器官	地中に張るしっかりした根
栄養	周囲の水に含まれる栄養を体の表面全体から吸収	土中の栄養を根から吸収して体の他の部分に輸送
光合成	体全体で行う	おもに葉で行う

植物の構造

陸上では植物の生存に必要な水やミネラルなどの栄養はおもに土の中にあり,光や二酸化炭素は空気中にある.植物は地中に**根**を張り,地上に茎と葉,花からなる**シュート**を伸ばす.根から吸収された水や栄養はシュートに送られ,茎や葉の光合成でできた糖などは根に送られる.

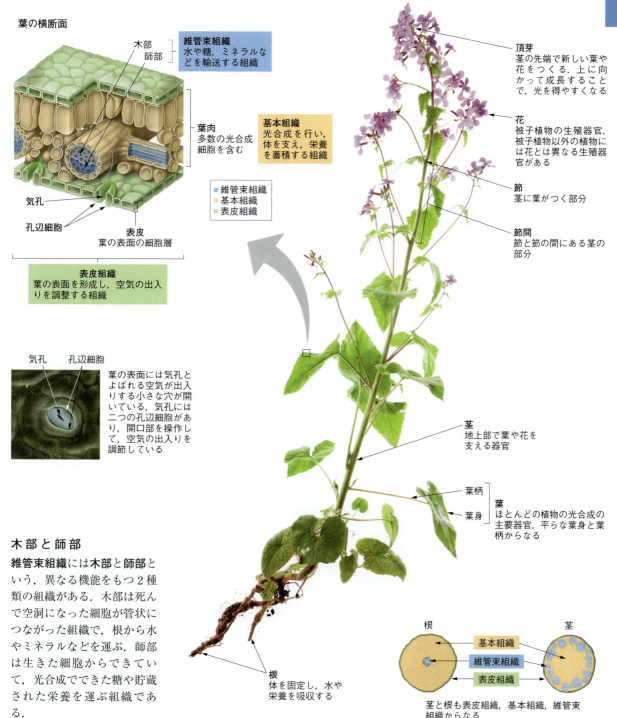

葉の横断面

- **維管束組織**: 水や糖, ミネラルなどを輸送する組織
  - 木部
  - 師部
- **葉肉**: 多数の光合成細胞を含む
- **基本組織**: 光合成を行い, 体を支え, 栄養を蓄積する組織
- 気孔
- 孔辺細胞
- **表皮**: 葉の表面の細胞層
- **表皮組織**: 葉の表面を形成し, 空気の出入りを調整する組織

■ 維管束組織
■ 基本組織
■ 表皮組織

葉の表面には気孔とよばれる空気が出入りする小さな穴が開いている. 気孔には二つの孔辺細胞があり, 開口部を操作して, 空気の出入りを調節している

木部と師部

維管束組織には**木部**と**師部**という, 異なる機能をもつ2種類の組織がある. 木部は死んで空洞になった細胞が管状につながった組織で, 根から水やミネラルなどを運ぶ. 師部は生きた細胞からできていて, 光合成でできた糖や貯蔵された栄養を運ぶ組織である.

- **頂芽**: 茎の先端で新しい葉や花をつくる. 上に向かって成長することで, 光を得やすくなる
- **花**: 被子植物の生殖器官. 被子植物以外の植物には花とは異なる生殖器官がある
- **節**: 茎に葉がつく部分
- **節間**: 節と節の間にある茎の部分
- **茎**: 地上部で葉や花を支える器官
- **葉柄**
- **葉身**
- **葉**: ほとんどの植物の光合成の主要器官. 平らな葉身と葉柄からなる
- **根**: 体を固定し, 水や栄養を吸収する

茎と根も表皮組織, 基本組織, 維管束組織からなる

コアアイデア

- 植物は地面に根を張って直立し, 土壌から水や栄養を得ることができるようになって, 陸上に進出することができた.
- 植物は, 地中の根と地上部のシュートからなり, シュートには茎, 葉, 花が含まれる.
- 植物の組織としては維管束組織, 基本組織, 表皮組織がある.

9・3 陸上植物の進化

陸に上がった植物が進化によって大きく4回枝分かれしたことが，化石の記録から明らかである．枝分かれのたびに，より陸上生活に適応的な進化が起こり，新しいグループが生じた．その結果，現在の陸上には**コケ植物，シダ植物，裸子植物，被子植物**という大きな四つの植物のグループが生存している．

植物の四大進化
この系統樹と地質年代は現生の四つのグループの進化を表している．

mya = 100 万年前

500 mya　400 mya　300 mya

祖先緑藻類

陸上植物の起原（約4億7500万年前）

維管束の起原（約4億2500万年前）

種子の起原（約3億6000万年前）

5億年前：祖先緑藻類
約5億年前，湖や海の湿った岸辺を藻類が覆っていた．生育場所を巡る競争によって適応進化が起こり，数百万年かけて乾燥した陸地での生存が可能な植物が現れた．現生のシャジク藻類はすべての植物の共通祖先の直系子孫であると考えられている

シャジク藻類 *Micrasterias furcata*

❶ **4億7500万年前：コケ植物**
最初に陸上に現れたのは，維管束をもたず密生して生える小さなコケ植物であった．現生のコケ植物には蘚類，苔類，ツノゴケ類がある．他の陸上植物同様，表面に水分の蒸発を防ぐワックス層をもち，陸上生活に適応している．しかし，精子が水中を泳いで移動するので，受精の際には水を必要とする

ウマスギゴケ（蘚類） *Polytrichum commune*

ツノゴケ類の一種 *Anthoceros*

❷ **4億2500万年前：シダ植物**
リグニンで強化された細胞壁と維管束の進化が背の高い植物を可能にした．現生のシダ植物は，維管束をもつが種子をつくらない無種子維管束植物の生き残りである．コケ植物同様，受精の際には水が必要である

木本のシダ植物 *Dicksonia antarctica*

草本のシダ植物 *Polystichum polyblepharum*

マダガスカルだけに生育しているバオバブ *Adansonia grandidieri*（被子植物）は，乾燥に適応して幹に水分をたくわえている．農地の拡大によって生育が脅かされている

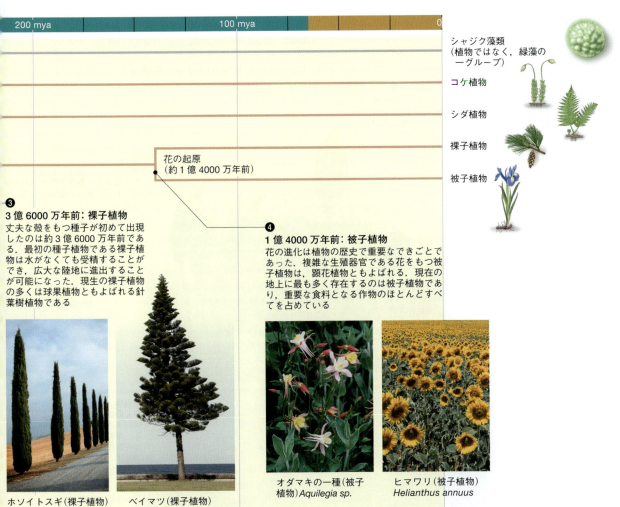

❸
3億6000万年前：裸子植物
丈夫な殻をもつ種子が初めて出現したのは約3億6000万年前である．最初の種子植物である裸子植物は水がなくても受精することができ，広大な陸地に進出することが可能になった．現生の裸子植物の多くは球果植物ともよばれる針葉樹植物である

❹
1億4000万年前：被子植物
花の進化は植物の歴史で重要なできごとであった．複雑な生殖器官である花をもつ被子植物は，顕花植物ともよばれる．現在の地上に最も多く存在するのは被子植物であり，重要な食料となる作物のほとんどすべてを占めている

ホソイトスギ（裸子植物）
Cupressus sempervirens

ベイマツ（裸子植物）
Pseudotsuga menziesii

オダマキの一種（被子植物）*Aquilegia sp.*

ヒマワリ（被子植物）
Helianthus annuus

コアアイデア
- 上陸した植物は，陸上への段階的な適応によって，コケ植物，シダ植物，裸子植物，被子植物という四つのグループとなった．

9・4　コケ植物：種子をつくらず維管束をもたない植物

約4億7500万年前に最初の陸上植物が藻類から進化した．その植物は表面に水分の蒸発を防ぐワックス層をもち，配偶子や胚を保護する構造をもつことで陸上生活に適応した．しかし，その植物には種子や維管束といった乾燥に適応した器官がなかったので，水辺に近い湿った場所でしか生育できなかった．現生の**コケ植物**はこの最初の植物の直系子孫である．その祖先同様，ほとんどのコケ植物は湿った場所にしか生育していない．現生のコケ植物には蘚類，苔類，ツノゴケ類が含まれる．

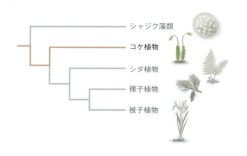

コケ植物の構造

コケ植物の体は2種類の異なる部分からできている．本体のように見える緑色の部分は**配偶体**とよばれる構造で，その上に突き出した細い柄とその先の膨らんだ部分は**胞子体**とよばれる構造である．胞子体は注意して見ないと見つからないくらい小さい．

蒴(さく)
繁殖のための胞子が蒴の中につくられる．胞子は蒴から放出されて，新しい配偶体をつくる．

胞子体
胞子体は複相(二組のゲノムをもつ)の細胞からできている．胞子体から減数分裂によってできる胞子は単相(ゲノムを一組しかもたない)細胞である．胞子は丈夫で乾燥にも強いが，発芽するためには水が必要である．

クチクラ
ほかの陸上植物同様，コケ植物もクチクラとよばれるワックス層を表面にもち，水分の蒸発を防いでいる．

コケのじゅうたん
他の植物と違い，コケ植物は細胞壁を強化するリグニンをもたないので背が高くなれない．その代わり，コケ植物はじゅうたんのように密生し，互いに支え合って直立することが多い．

配偶体
多くのコケ植物では，その本体にあたる部分が配偶体である．単相の細胞からなり，単相の配偶子である精子と卵をつくる．精子は乾燥に弱く，水のないところで放出されると干からびて死んでしまうため，コケ植物は湿った場所にしか生育できない．

コケ植物の仲間

コケ植物には蘚類, 苔類, ツノゴケ類の三つの仲間があり, いずれも小さな草本である.

蘚類は最もふつうに見られるコケ植物で, 湿地に生育するオオミズゴケ *Sphagnum palustre* などが含まれる. 厚く堆積したミズゴケ類は保水性に優れ, 園芸に使われる

苔類には, 写真のように湿った樹皮に生育するトサカゴケ *Lophocolea heterophylla* や地面に生えるゼニゴケ *Marchantia polymorpha* など約9000種が含まれる

ツノゴケ類は角状の胞子体をつけるコケ植物で, 写真の *Anthoceros agrestis* など約100種が知られている

コケ植物の生殖

植物の生活史は動物と大きく異なる. コケ植物では, 配偶体世代と胞子体世代が交互に現れる. 配偶体は一組のゲノムをもつ単相の世代で, 胞子体は二組のゲノムをもつ複相の世代である. このような生活史は**世代交代**とよばれ, 植物と多細胞の緑藻類に特有のものである.

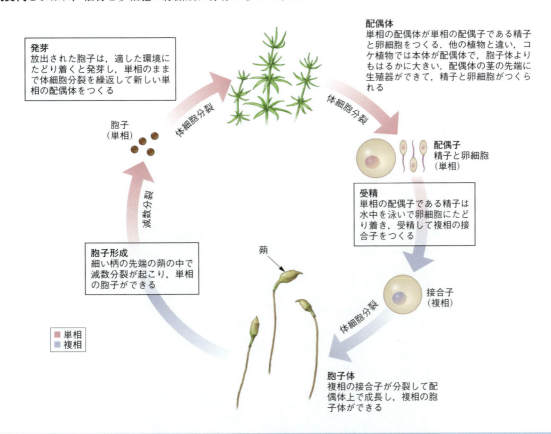

コアアイデア
- コケ植物には種子も維管束もない. 生殖時に水を利用できる環境を必要とする.
- コケ植物の本体は単相の配偶体で, 小さな複相の胞子体と世代交代をする.

9・5　シダ植物：種子をつくらない維管束植物

最初の陸上植物の誕生から約5000万年後，**シダ植物**の登場によって植物は飛躍的な進化を遂げた．それはリグニンで強化された硬い細胞と**維管束**の獲得によるものである．硬い細胞は背の高い直立した体を可能にし，維管束は水や栄養を体のすみずみにまでいきわたらせることを可能にした．シダ植物は種子をつくらず，胞子で繁殖する．現生のシダ植物にはヒカゲノカズラ類やスギナのようなトクサ類，ワラビなどのシダ類が含まれる．

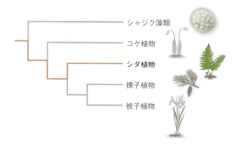

シダ植物の構造

シダ植物は，最初の陸上植物と同様に，水分の蒸発を防ぐワックス層のクチクラや，配偶子と胚を体内で発生させる構造をもっている．さらにリグニンと維管束という新しい適応形質をもつことによって，より広い陸地への進出が可能になった．

維管束
維管束の管は水や栄養を体の各部へ運ぶ

胞子嚢
シダ類の葉の裏につく生殖器官．胞子の入った小さな胞子嚢の集合体が多数あり，大量の胞子をつくる

胞子体
通常目にするシダ植物の本体は胞子体である

葉
シダ類では大きな1枚の葉が切れ込んで小葉とよばれる小さな裂片になることが多い

リグニン
シダ植物が直立して大きくなれるのは，リグニンによって強化された細胞をもつためである．リグニンは複雑で大きな高分子化合物で，細胞壁に存在する

根
水やミネラルなどはよく発達した根から吸収され，植物体の他の部分へ維管束を通じて運ばれる

配偶体
シダ植物の配偶体は独立した微小な植物体で，土の表面や浅い地中に生育する

シダ植物の仲間

シダ植物には，背の高い木本となる仲間もある．スギナ（トクサ科）もシダ植物である．

ヒカゲノカズラ類は維管束植物のなかで最も起源が古く，約4億1000万年前に現れた．ヒカゲノカズラ *Lycopodium clavatum* や写真のコスギラン *Huperzia selago* などが含まれる

石炭紀の森林（想像復元図）．約3億6000万年前から約6000万年続いた古生代の石炭紀には，太古の巨大なシダ植物が広大な森林をつくっていた．その森林が化石化して石炭ができた

シダ類．現生シダ植物のなかで最も多い．写真のようなイノデの仲間 *Polystichum munitum* は熱帯から温帯の森林に見られ，日本にも多くの種類が生育する

シダ植物の生殖

シダ植物は陸上で生活するための新しい適応的な進化を遂げた．しかし，コケ植物と同様に精子に鞭毛があり，水中を泳がなくてはならないので，水がないと受精できない．シダ植物でも配偶体と胞子体が交互に出現する世代交代が起こる．

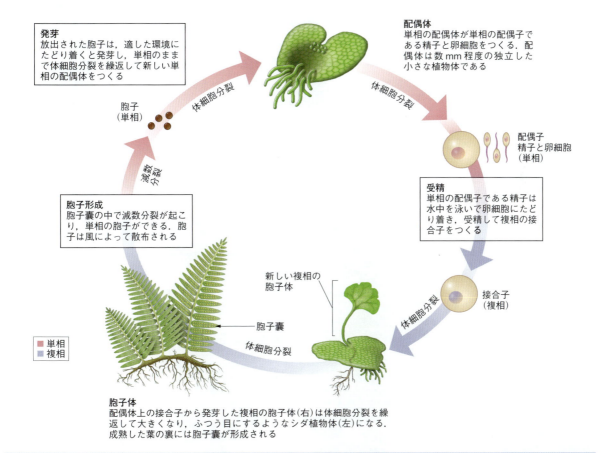

コアアイデア
- シダ植物の維管束やリグニン強化細胞は，陸上生活に適応した重要な形質である．
- 種子はつくらないが，生殖時に水を利用できる環境を必要とする．

9・6　裸子植物：最初の種子植物

種子をつける植物が初めて現れたのは約3億6000万年前のことである．**種子**は硬い殻の中に胚と栄養を包み込んだもので，植物が陸上で新しい生育地を求めて広がるための重要な適応形質のひとつである．胚発生が種子の中で進むので，水から離れた場所でも繁殖することができる．最初の種子植物は，§9・7で紹介する被子植物と異なって，胚珠が子房に包まれていない**裸子植物**であった．裸子植物には，マツやスギのほか，イチョウやソテツなど身近な植物が多く含まれる．

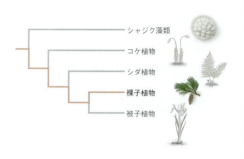

裸子植物の構造

マツやスギなどの裸子植物は，胚珠をつくる雌性球果と花粉をつくる雄性球果の2種類の球果をつける．

雌性球果
球果の硬い鱗片の内側に胚珠があり，その中に卵細胞がある

鱗片

種子

種子
受精が起こると種子ができる．種子は硬い殻で包まれた胚と栄養からなり，発芽に適した条件が揃うまで生き延びることができる

針葉
裸子植物の針状の葉は，厚いクチクラ層をもち，気孔は深いくぼみに埋込まれている．どちらも乾燥への適応であり，針葉は冬でも光合成ができる

雄性球果
柔らかい鱗片とおしべからできている．成熟すると無数の花粉がいっせいに放出される

花粉
花粉の中に精細胞があり，風に飛ばされることで雌性球果にたどり着く．陸上への適応形質のひとつで，水がなくても生殖できるようになった

幹
裸子植物には太くまっすぐな幹をもつものが多く，木材として利用される．木を高く支える硬い材ができるのはリグニンで強化された維管束があるからである

裸子植物の仲間

南半球には少ないが，北半球の北米，ヨーロッパ，アジアには裸子植物の巨大な森林が広い面積を占めている．裸子植物は木材や紙の原料のパルプなどとして，われわれの日常生活に役立っている．

球果類．裸子植物のほとんどは球果をつける針葉樹で，マツやヒノキ，スギ，セコイアやモミなどが含まれる

ブリスルコーンマツは，米国カリフォルニアの高山に生育するマツの仲間である．4500年以上の寿命があるといわれ，地上で最も長命な生物として知られる

ソテツ類．熱帯に分布する裸子植物．日本の南部にも分布する．成長が遅く，1000年以上生きる

北部カリフォルニア沿岸のセコイア *Sequoia sempervirens* は世界で最も高い木として知られ，樹高90mを超えるものがある

裸子植物の生殖

ほとんどの裸子植物では，生殖のすべての段階（胞子，卵細胞，精細胞，接合子，胚）が球果の内部で進行する．典型的な裸子植物には雌と雄の2種類の球果がある．

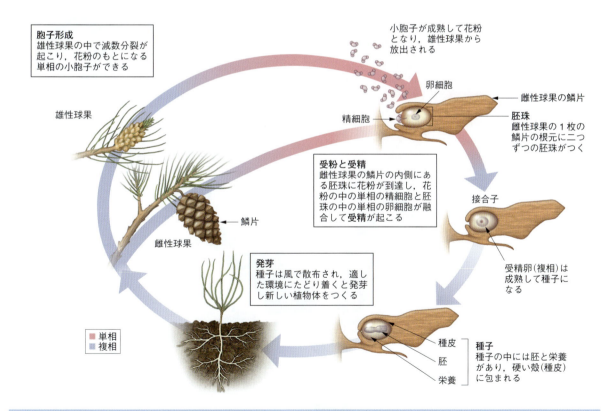

コアアイデア
- 球果をもつ裸子植物では，硬い種子の中で胚が栄養とともに保護されている．花粉は風で雌性球果まで運ばれ，そこで胚珠に到達して受精が起こる．
- 胚珠は子房に包まれていない．

9・7　被子植物：陸上の支配者

約1億4000万年前に出現した**被子植物**は現生の植物の大部分を占め，陸上を支配している．25万種以上が知られ，ほとんどすべての食料だけでなく，多くの必要な生活物資も被子植物からできている．被子植物の最も重要な適応形態である**花**は複雑な生殖器官であり，さまざまなしくみで受精の効率を高くする．また，受精してできる果実や種子は散布されるためのさまざまなしくみをもっている．

花の構造

花は被子植物に特有の形質である．がく片，花弁，おしべ，めしべといった花の各器官は葉が変化してできたものである．

花弁
色や香りをもつことが多く，花粉を運んでくれるハチなどを誘引する

受粉
花粉が同種の花の柱頭にたどり着くことを受粉という．同じ個体の花粉で受精できる植物もあれば，他の個体の花粉でないと受精できない植物もある

柱頭
花粉を受け止める場所

葯（やく）
おしべの先端の袋状の器官．ここで花粉ができる

花柱
子房と柱頭の間の部分で，このなかを花粉管が伸びていく

子房
胚珠を包んで保護する器官．胚珠の数は種によって異なり，1〜数千個

おしべ
花粉をつくる雄性の生殖器官

花糸
葯を支える柄

がく片
つぼみのときに花を包んで保護する

胚珠
卵細胞がつくられ，受精して成熟すると種子になる器官

花粉
花粉は精細胞を運ぶ雄性配偶体である

花粉が柱頭につく

葯が花粉を放出する

花粉管
2個の精細胞が花粉管の中を通って，胚珠にたどり着く

胚嚢
胚珠の中にある雌性配偶体

めしべ
胚珠をつくる雌性の生殖器官

精細胞　卵細胞

■ 単相
■ 複相

被子植物の仲間

被子植物には，2枚の子葉をもつ双子葉植物と子葉が1枚の単子葉植物がある．イネやコムギなどイネ科は単子葉植物，ダイズやキャベツ，イチゴなどは双子葉植物である．

イネ科の *Calamagrostis acutiflora*．イネ科には重要な穀類のほか，家畜の飼料となるものが多い

マメ科のベニバナインゲン *Phaseolus coccineus*．マメ科にはダイズなど重要な作物が含まれる

乾燥地に適応したサボテンの仲間 *Melocactus intortus* は双子葉植物．被子植物なので花も果実もつける

ココナッツ *Cocos nucifera* は単子葉植物でヤシの仲間．果実は食用になる．

受精
2個の精細胞が胚珠に入る．一つは単相の卵細胞と合体して受精し，複相の接合子になる．もう一つの精細胞は胚嚢の中の他の細胞と合体して胚乳をつくる

接合子（受精卵）

胚乳 胚に栄養を供給する組織

胚 接合子が細胞分裂してできた幼植物

果実
成熟した子房は種子を包む**果実**となる．果実は種子を保護し，動物をひきつけることで種子の散布を促す．種子は消化されにくいので，果実を食べた動物が遠くまで運ぶことがある．果実は花と同様，被子植物のみにみられるものである

休眠状態の胚を含む種子

胚（幼植物）

子葉

種子
胚と栄養を中にもつ丈夫な入れ物．裸子植物も種子をつけるが，種子が子房で包まれて保護されているのは被子植物だけである．散布された種子は，長い期間休眠することができるので，条件がよくなるのをまって発芽することができる

発芽
条件がよくなると種子は吸水し，膨張する．休眠していた胚が成長を再開して発芽する

子葉

コアアイデア
- 花は被子植物の生殖器官で，受精効率を上げ，胚の発生を保護する．胚珠を包む子房は成熟して果実となる．
- 花や果実の進化により，被子植物は現生の植物の多くを占め，陸上を支配している．

10 生物多様性3 ── 動物

10・1 動物の性質と進化

化石記録とDNAの研究から，最初の**動物**はおよそ6億年前に進化したと考えられている．当時，海洋にはすでに多くの生物が生息しており，そのなかには群体性の原生生物も含まれていた．これが最初の動物の祖先と考えられている．ところで動物とは何だろうか．実にさまざまな動物種が存在するが，そこには共通の性質がある．

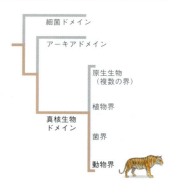

動物の性質

すべての動物は，いくつかの性質を共有している．わかりやすい性質は，栄養を摂取するやり方である．すべての動物は他の生物を摂食する．この性質をもつ生物は**従属栄養生物**とよばれ，植物のように必要な栄養を自分でつくる生物とは対照的に，環境から栄養と体の構成成分を摂取している．

摂食 図のチーターなどすべての動物は他の生物を食べ，消化し，栄養と体の構成成分を得ている

神経系 ほとんどの動物は体の機能を制御する神経系をもっている

生殖系 ほとんどの動物は卵と精子の合体を伴う有性生殖によって，ふえる

筋肉 ほとんどの動物は体全体や体の各部を動かす筋肉をもっている

多細胞性 すべての動物は多細胞生物である．多くの動物は，協調して特定の機能を果たす類似の細胞からなる組織をもっている

真核生物 すべての動物は膜で囲まれた核と細胞小器官をもつ真核細胞からなる

二倍体 ほとんどの動物は核に相同の染色体対を含んでいる．一方は父親から，他方は母親に由来する．精子と卵は一倍体(半数体)である

発生段階 すべての動物は胚から成体に至る発生過程で共通の段階を経過する．写真はヒトの初期発生段階．

動物の進化

およそ6億年前に群体性原生生物から動物が誕生した．この原生生物は，水中を進むための鞭毛をもっていたと思われる．最初の動物は多細胞性となり，他の生物を捕食するようになった．5億4000万年前に動物は，"カンブリア大爆発"とよばれる急速な多様化を示し，多くの系統が生じた．あるものはしばらく生存した後に絶滅したが，およそ5億年前には現生動物の多くのメンバーが含まれる動物門が出現した．

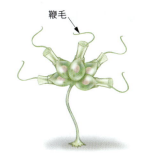

動物へと進化したと考えられる群体性原生生物の想像図

化石に基づいて描かれたカンブリア紀の海底の想像図

動物の系統樹

動物界は，門とよばれるより小さいグループに分かれる．知られている門は35（正確な数についてはいろいろな考えがある）であるが，そのうち九つの門に現生動物の大部分が属している．ここに示す9門の系統樹は，構造上の形質と分子生物学的解析に基づいている．それぞれの門は，固有の適応的性質をもつが，枝分かれのポイントには，組織や体の対称性などの，より幅広い性質がある．

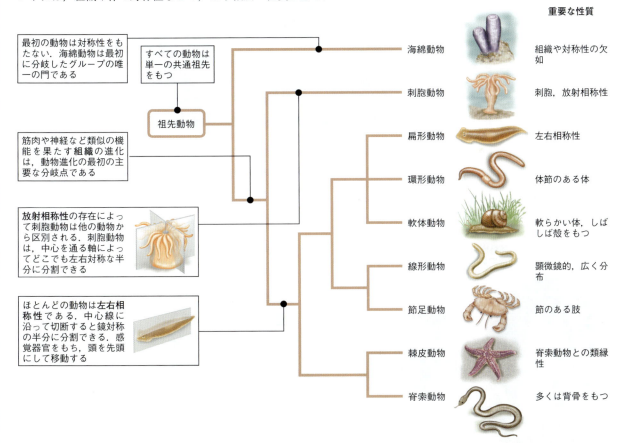

コアアイデア

- 動物は多細胞性の真核生物で，他の生物を摂食して栄養を得る．動物はおよそ6億年前に群体性の原生生物から進化した．現在では，固有の性質によって区別できる九つの大きな門がある．

10・2　海綿動物，刺胞動物，扁形動物，環形動物，線形動物

大多数の動物は，背骨をもたない**無脊椎動物**である．水生の海綿動物や刺胞動物は，一見動物かどうかわからない特殊な形態をしている．また，蠕虫とよばれるグループが存在し，ここでは扁形動物，環形動物，線形動物を取上げている．どれも左右相称で長く扁平な体をもっているが，これらの動物はかなり異なっていて，系統上離れているものもある．

海綿動物

現生動物のなかで**海綿動物**は最も古い歴史をもっている．その体制は単純で，非対称性であり，神経や筋肉などの組織をもたない．そのために，個々の細胞はそれぞれ環境との間で物質のやりとりをする必要がある．海綿動物は固着性である．

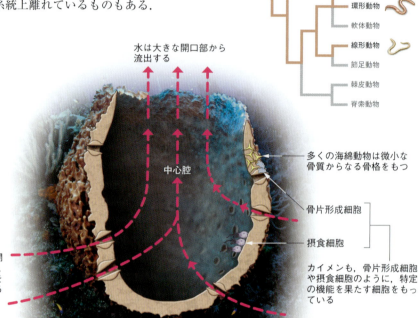

水は大きな開口部から流出する

中心腔

多くの海綿動物は微小な骨質からなる骨格をもつ

骨片形成細胞
摂食細胞

カイメンも，骨片形成細胞や摂食細胞のように，特定の機能を果たす細胞をもっている

カイメンの体は，穴の開いた袋のようなもので，栄養を含んだ海水が穴を通して中心腔に流入する（矢印）

刺胞動物

刺胞動物にはおよそ10,000種があり，ほとんどは海生である．イソギンチャク，ヒドラ，サンゴ，クラゲなどのグループがある．刺胞動物は，遊泳性のメドゥーサと固着性のポリプという2種類の形態をとる．生涯どちらか一方の形態のみをとるものと，生活史のなかで両方の形態をとるものがある．海綿動物とは異なり，筋肉などの組織が存在する．

クラゲはメドゥーサで，運動性をもち，口を下にして遊泳する

刺胞動物の顕著な性質は，触手に刺胞という棘をもつ細胞が備わっていることである．刺胞は，小さい獲物を捕らえ体を防御する機能がある

イソギンチャクはポリプで，固着性である．ポリプは，触手を広げて獲物を待ち受ける

胃水管腔

折りたたまれた刺糸
引金
発射後の刺胞
発射前の刺胞

水は単一の開口部を通って胃水管腔に出入りする

刺胞動物の体の中央には，胃水管腔とよばれる消化および循環系の機能をもつ内腔がある．摂取した食物も消化した残渣も同じ開口部を通る．内腔では液体が栄養物と酸素を循環させ，老廃物の排出を行う

刺胞動物の体は放射相称を示す．体部は中心軸のまわりに円を描くように配列されている

扁形動物

およそ20,000種が，海，淡水，湿った岩の下などに生息する．体はリボン状で，1ミリメートルから数メートルに及ぶ．単一の開口部が胃水管腔に通じている．条虫類や吸虫類のなかには寄生性で，ヒトにとって病原性のものもいる．

左右相称性
蠕虫様動物は中心軸に対して鏡対称の体をもっている

胃水管腔
一部を白線で示す胃水管腔は，複雑に枝分かれして，体の各部に栄養を届けている

プラナリア Planaria

眼点
扁形動物のなかには簡単な感覚器をもつものがいる．プラナリアは明暗を識別する眼点をもつ．また，単純な脳として機能する神経細胞集団がある

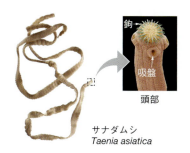

鉤／吸盤／頭部

サナダムシ
Taenia asiatica

海産のヒラムシの一種
Pseudoceros ferrugineus

環形動物

環形動物は**体節**という進化上重要な適応を示す．これは体が前後方向に配置された繰返し構造からなる，という意味である．体節によって柔軟性と運動の複雑さが増大した．消化管も完成している．およそ16,000種が海，淡水，湿った土地に生息する．

肛門／口／心臓／閉鎖血管系／消化管／体節

体節
環形動物の体は，前後方向に連なった節からできていて，内部器官も節ごとに繰返しているものが多い

閉鎖血管系
環形動物の血管系は閉鎖系で，複数の心臓によって駆動される血液が，血管中を循環する

消化管
環形動物は口と肛門という二つの開口部をもつ完全な消化管をもっている．食物は口から肛門へ送られる間に消化される

線形動物

線形動物は両端が細くなった円柱形の体をもち，体節はない．地球上に広く存在し，土壌中では有機物の分解にかかわっている．寄生性のものもいる．消化管には口と肛門が存在する．

土壌中には膨大な数の線虫がいて，有機物を分解している

フィラリア／心臓（内部）

フィラリアはイヌやネコの寄生虫で，時に致死的な病気の原因となる

蠕虫の進化
一見，近縁のように見える生物が進化的には遠く離れていることがある．環形動物と線形動物は外観は似ていて，どちらも蠕虫とよばれるが，体の構造や遺伝子解析から，線形動物は扁形動物や環形動物（冠輪動物とよばれる）とは異なる系統に属することがわかってきた．線形動物は節足動物などと同じく周期的に脱皮するので，脱皮動物とよばれる．

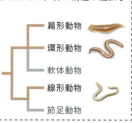

扁形動物／環形動物／軟体動物／線形動物／節足動物

コアアイデア
- 海綿動物は体の相称性や組織をもたない独特な海産動物である．刺胞動物も多くは海生で，組織，相称性，刺胞をもつ．
- 扁形動物は寄生性のものもあり，消化管をもたない．環形動物は体節をもち，線形動物は完全な消化管をもつ．扁形動物や環形動物は，線形動物とは異なる系統に属する．

10・3 軟体動物と節足動物

軟体動物と節足動物は大きなグループで多様な体制をもっているが，それぞれのグループは共通の性質をもっている．軟体動物の柔らかい体は硬い殻で保護されていることが多い．およそ10万種の軟体動物には，カタツムリ，ナメクジ，カキ，二枚貝，タコ，イカなどが含まれる．地球上で最も種類が多い節足動物は，体節のある体，丈夫な外骨格，節のある足などを共通にもっている．多くの節足動物は鋭い感覚系，複雑な神経系をもち，行動も複雑である．

軟体動物の性質

軟体動物の体は，筋肉質の足，内臓，外套膜とよばれる主要な3部分からなる．多くの軟体動物は，歯舌という器官を使って摂餌する．

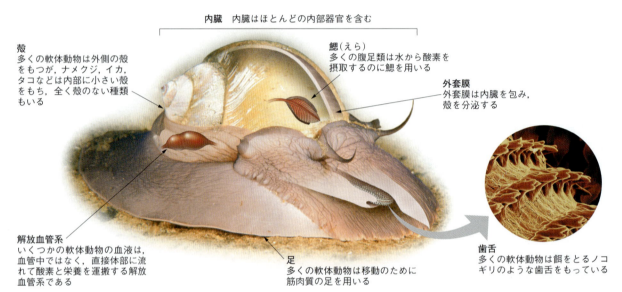

内臓 内臓はほとんどの内部器官を含む

殻 多くの軟体動物は外側の殻をもつが，ナメクジ，イカ，タコなどは内部に小さい殻をもち，全く殻のない種類もいる

鰓（えら） 多くの腹足類は水から酸素を摂取するのに鰓を用いる

外套膜 外套膜は内臓を包み，殻を分泌する

解放血管系 いくつかの軟体動物の血液は，血管中ではなく，直接体部に流れて酸素と栄養を運搬する解放血管系である

足 多くの軟体動物は移動のために筋肉質の足を用いる

歯舌 多くの軟体動物は餌をとるノコギリのような歯舌をもっている

軟体動物の仲間

腹足類
軟体動物で最も種類の多いグループ．海生，淡水生，および陸生のものがいる

カフスボタンガイ *Cyphoma gibbosum*

ヒメリンゴマイマイ *Cornu aspersum*

二枚貝類
海生あるいは淡水生．多くは底生で，砂や泥に潜る．2枚の殻は蝶番で繋がっている

アメリカイタヤガイ *Argopecten irradians*

イシガイの一種 *Uniandra contradens*

頭足類
海生の活発な捕食者．かなり複雑な脳と優れた感覚器をもち，複雑な行動を示す

オウムガイ *Nautilus pompilius*

ヨーロッパヤリイカ *Loligo vulgaris*

節足動物の性質

節足動物の体や足には節がある.

体節
節足動物の体は節に分かれ，それぞれに固有の機能を果たす構造が含まれている

硬い外骨格はタンパク質とキチンとよばれる多糖からなる．防御と筋肉の付着点として機能する．成長するためには脱皮しなければならない

アメリカザリガニ *Homarus americanus*

クモ類とカブトガニ類

これらのグループは，足を摂餌のために利用する．クモ類は8本の足をもち，クモ，サソリ，ノミ，ダニなどを含む．クモ類の多くは陸生の捕食者で，ときにヒトに対しても有害である．カブトガニは，何億年もあまり形を変えていない．

チリアンコモンタランチュラ *Grammostola rosea*

多足類

多足類には，それぞれに足をもつ明瞭な体節がある．すべては陸生で，ムカデ類は1体節に1対，ヤスデ類は2対の足をもつ．

甲殻類

ほとんどの甲殻類は水生である．淡水でも海水でも，非常に多様化している．エビ，カニなどは，食品としても重要である．

ヨーロッパイチョウガニ *Cancer pagurus*

昆虫類

昆虫類は，他のすべての動物を合わせた数より，多数の個体を含んでいる．体に酸素を配達する気管系をもつので陸上でも生活できる．頭部，胴部，腹部からなる体節，3対の足，1対の触角，多くの場合は2対の翅をもつ．

サバクトビバッタ *Schistocerca gregaria*

多くの昆虫は卵→幼虫→蛹（さなぎ）→成虫と形を変える．これを変態という．図はオオカバマダラ *Donaus plexippus*

コアアイデア
- 軟体動物は左右相称性で，柔らかい体と殻をもつものが多い．腹足類，二枚貝類，頭足類を含む．
- 節足動物はきわめて多くの個体を含む．クモ類，多足類，甲殻類，昆虫類が主要なグループである．

10・4　棘皮動物と脊索動物

7000種の**棘皮動物**は海生であり，ほとんどの種はゆっくりと移動する．棘皮動物には，ヒトデ類，ウニ類，ナマコ類，カシパン類などが含まれる．ヒトデ類の多くは，五放射相称の体制をもっている．ヒトなどの脊椎動物を含む**脊索動物**は進化的に棘皮動物と類縁性がある．どちらも球状の胚の最初の凹みが肛門に発生する．このような発生様式は他の動物門にはみられない．脊索動物門には，二つのグループが入る．無脊椎脊索動物と，脊椎動物である．無脊椎脊索動物には，頭索類（ナメクジウオ）と尾索類（ホヤ）があり，どちらも頭蓋や脊椎を欠いている．

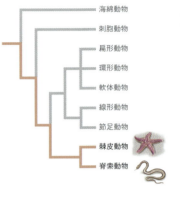

棘皮動物の性質
棘皮動物にはウニ，ヒトデ，ナマコなどが含まれる．

棘のある体表
棘皮動物の体表は凹凸や棘をもつ

水管系
棘皮動物は海水を血液として利用する水管系とよばれる循環系をもつ．水管系は酸素や二酸化炭素の交換に役立つ

内骨格
棘皮動物はカルシウムを含む内骨格をもっている

口
ヒトデは二枚貝の殻をこじ開けてその隙間から胃を押込んで，餌をとる．ヒトデは獲物を貝の内部で消化する

管足
ヒトデやウニは管足を用いて海底をゆっくり移動する．管足は液体でみたされた小管で，先端は吸盤になっている

リュウキュウウミシダ
Oxycomanthus benetti

再生
ヒトデや他のいくつかの棘皮動物は体の中心部が残存していれば，失われた体部を再生できる．

脊索動物の性質
脊索動物は以下の四つの重要な性質をもつ．これらの性質は胚期には明らかだが，成体では認められないこともある．

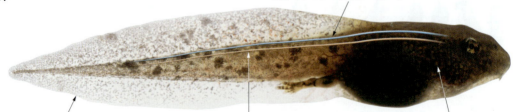

中空の**神経索**が背側の体表近くを走行する．成体ではこれは脊髄の一部になる

すべての脊索動物は肛門より後方に尾が伸びている．ヒトの胎児にも尾があるが，成体では背骨の尾骨として残っているだけである

脊索は柔軟性のある棒状のもので，背側の全長にわたって支持組織として存在する．成体では脊柱の一部になる

咽頭孔は口のすぐ後方に位置する溝である．成体では喉と耳をつなぐ耳管として残る

脊椎動物の性質

ナメクジウオとホヤを除いた脊索動物は**脊椎動物**である．前述の脊索動物の性質に加えて，脊椎動物は脊椎（背骨）や頭蓋のような**内骨格**を備えている．ヌタウナギ類は成体になると明瞭な背骨をもたないが，その他の脊椎動物は図のトカゲのように体を支える背骨をもっている．

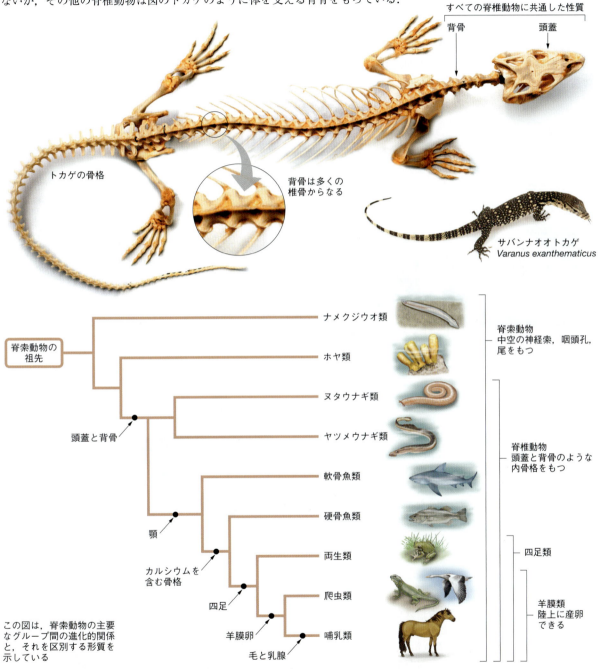

この図は，脊索動物の主要なグループ間の進化的関係と，それを区別する形質を示している

コアアイデア
- 棘皮動物は海生で，凹凸のある皮膚と水管系をもち，成体の多くのものは五放射相称である．棘皮動物は脊索動物と類縁性をもっている．
- 脊索動物は胚期に観察される四つの性質（中空の神経索，脊索，咽頭孔，尾）をもつ．脊索動物の多くは脊椎動物で，背骨と頭蓋という内骨格をもつ．

10・5　魚類，両生類，爬虫類

最初の脊椎動物すなわち魚類は，およそ5億4000万年前に海洋中で進化し，その後非常に繁栄した．今日，その子孫はそれぞれに固有の性質をもついくつかの系統となっている．魚類から進化した両生類の祖先は陸に上がることが可能になり，現生のすべての**四足（四肢）動物**は，このような初期の四足動物に由来するので，共通の体制をもっている．

無顎類

現生の魚類には，頭蓋はあるが顎のないものが2種類いる．ヌタウナギ類とヤツメウナギ類である．ヌタウナギは胚期には背骨があるが成体ではほとんど認められない．一方，ヤツメウナギは頭蓋も背骨もある．

背骨なし	背骨あり
頭蓋あり／顎なし／背骨なし	頭蓋／顎なし／背骨／スナヤツメ *Lampetra planeri*／吸盤のある口
ヌタウナギは底生で，視覚はほとんどないが触覚と嗅覚は優れている．驚くと大量の粘液を放出する	多くのヤツメウナギはより大型の魚類に吸盤で吸い付き，血液を摂食する

軟骨魚類

顎をもつ最初の脊椎動物は**軟骨魚類**である．およそ4億7000万年前に出現し，過去3億年はほとんど変化していない．軟骨性の骨格をもち，2対の鰭と尾によってきわめて活発に泳ぐ．サメやエイを含むおよそ800種の軟骨魚類はほとんどが海生である．

ヒラシュモクザメ *Sphyrna mokarran*

ほとんどの脊椎動物は関節をもつ2本の骨からなる顎をもつ

サメは体の両側にある**側線系**を用いて近くの獲物の圧力を感じる

骨格は柔軟性のある軟骨でできている

多くの軟骨魚類は酸素を含む海水が鰓を通過するように，常に移動しなければならない

電気受容器　多くのサメは近くの獲物の筋肉の収縮による電場を検出する器官をもっている

硬骨魚類

硬骨魚類は脊椎動物のなかで最も種数が多く，海水，淡水を問わずほとんどすべての水域に生息している．硬骨魚類は，カルシウムで補強された骨格と，浮力を維持する浮袋や，鰓を保護する鰓蓋をもっている．

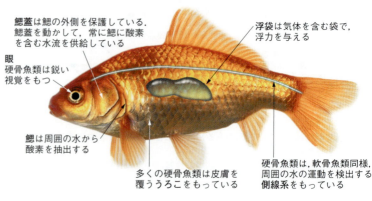

鰓蓋は鰓の外側を保護している．鰓蓋を動かして，常に鰓に酸素を含む水流を供給している

浮袋は気体を含む袋で，浮力を与える

眼　硬骨魚類は鋭い視覚をもつ

鰓は周囲の水から酸素を抽出する

多くの硬骨魚類は皮膚を覆ううろこをもっている

硬骨魚類は，軟骨魚類同様，周囲の水の運動を検出する**側線系**をもっている

両生類

両生類は，その名のように，水生と陸生の両方に適応している．最初の陸生脊椎動物として，両生類は急速に陸上の生活で成功を収めた．ただし，水中に産卵する必要性から，制限もあった．多くの両生類は水生の幼生期から陸生の成体へと，変態する．現生のおよそ 6000 種の両生類は，主として湿った生息地に暮らしている．

有尾両生類

10・5

水中生活への適応

卵
両生類は卵が乾燥しないように水中に産卵する

カエルの幼生はオタマジャクシとよばれ，四肢はもたないが，鰓，尾，側線系をもつ

オタマジャクシは水から酸素を得る鰓をもっている

両生類も水の運動を検出するために**側線系**を利用する

尾

陸上生活への適応

成体の両生類は湿った**皮膚**をもち，皮膚呼吸で肺呼吸を助けている

多くの両生類は肺を用いて呼吸する

成体の両生類は強い骨で支えられた肢をもつ

筋肉と骨格系
両生類は陸上で重力に抗して移動しなければならないので，魚類より発達した筋肉と骨をもっている

コバルトヤドクガエル *Dendrobates azureus*

爬虫類

爬虫類は生殖を含めてすべての生活史を陸上で過ごすような適応を示す．爬虫類も四足動物であるが，**羊膜卵**という特別な卵の中で発生する．胚は，いわば微小な池ともいえる水生の環境で発生する．水中に産卵する必要がないので，爬虫類はより広範囲な陸上で繁栄している．

カメ類
カメは椎骨に結合した 2 枚の硬い板からなる甲羅をもっている．砂漠，淡水湖，川，海に生息する

ワニ類
23 種のワニが熱帯地方に生息している．鼻孔が上を向いているなど，水生生活に適応している

恐竜類と鳥類
鳥類は獣脚類という恐竜のグループからおよそ 1 億 6000 万年前に分岐した．大部分は内臓が小さい，歯を欠く，翼をもつ，感覚が鋭い，などの飛翔に適応した性質を示す

オサガメ *Dermochelys coriacea*

アメリカアリゲーター
Alligator mississippiensis

おおばねをもつ翼

恐竜同様，歯をもっていた

恐竜同様，翼(前肢)に爪をもっていた

恐竜同様，多くの椎骨のある尾をもっていた

シソチョウ *Archaeopteryx* は恐竜時代にさかのぼる最も古い鳥類の 1 種である

トカゲ類とヘビ類
現生のトカゲ類とヘビ類にはおよそ 8000 種いる．トカゲは 1.5 cm ほどのものからコモドオオトカゲのように 3 m に達するものまでいる．ヘビには肢がないが，骨格には小さい骨盤がある

コモドオオトカゲ *Varanus komodoensis*

殻をもつ羊膜卵

ヨーロッパヤマカガシ *Natrix natrix* とその卵

アカオコバシチメドリ
Minla ignotincta

ケラチンというタンパク質からなる保温と耐水性に優れた羽毛

翼を動かす強い胸筋

固くて軽いハチの巣状の骨

コアアイデア
- 現生魚類には，ヌタウナギ，ヤツメウナギ，軟骨魚類，硬骨魚類といういくつかの系統がある．
- 両生類は四足動物であり，陸上に生息するが，生殖には水を必要とする．鳥類を含む爬虫類は，乾燥した陸上でも生存できる羊膜卵の中で発生する．

10・6　哺乳類と人類の進化

最初の**哺乳類**はおよそ2億年前に進化した．恐竜時代には，哺乳類は小型で夜行性であり，昆虫を餌としていた．6500万年前に恐竜が絶滅すると，哺乳類は急速に多様化した．今日，陸上の風景は大型の哺乳類が支配している．ヒトは哺乳類のなかの霊長目に属する．**霊長類**はおよそ6500万年前に出現した．化石とDNAの証拠は，ヒトの系統が他の霊長類と分岐したのは500〜700万年前であることを示唆している．過去500万年の間に，多くの初期の人類の系統が進化したが，そのなかでわれわれの系統のみが生存している．

哺乳類の性質

哺乳類は二つの重要な性質をもつ．名前の由来となっている乳腺と，毛の存在である．哺乳類には単孔類，有袋類，そして真獣類という大きな三つのグループがある．

毛
哺乳類は内温性であり，体温は体内の代謝に由来し，恒常的である（鳥類を除くその他の動物は環境から熱を得る外温性である）．毛は断熱材として働いて，体温を維持することを助けている

乳腺
乳腺は新生児に栄養を与える乳を分泌する．哺乳類は他の動物に比較して長期間こどもの世話をする

子に哺乳するオーロックス
Bos primigenius

単孔類

単孔類は卵を産む哺乳類である．現在は，カモノハシと4種のハリモグラが生存している．

ハリモグラ
Tachyglossus aculeatus

有袋類

有袋類の胚は母親の子宮にある単純な胎盤に付着して発生を開始する．短い妊娠期間の後に出産し，その後胎児は母親の袋（育児嚢）に移動し，乳首から栄養を得る．

真獣類

真獣類（有胎盤類）哺乳類の胚はかなり長期に渡って（ヒトでは38週間）胎盤と付着して過ごす．単孔類は数種，有袋類は数百種であるのに対して，真獣類には5000種以上が含まれる．

キタオポッサム
Didelphis virginiana

育児嚢の乳首に吸付くオポッサムの子

胎盤
真獣類の胎盤は有袋類のものより複雑で，母親と胎児の物理的な結合を提供する

バンドウイルカ
Tursiops truncatus

霊長類

初期の霊長類は樹木上に生息していた．霊長類の体は，自然選択によって，この生息場所に適応する特徴をもっている．ヒトはゴリラやチンパンジーとともに，類人猿のグループに属する．

- 脳は体に比べて大きい
- 眼は顔の前面にあって，鋭敏な3D視覚を得ることができる
- 股関節や肩関節は柔軟で，枝にぶらさがるのに適している
- 器用な手は，爪と感覚の鋭い指先をもっている
- 手と眼の同調性が優れている
- 子は少数で，長期間にわたって保育する

ヒトの進化

過去

mya = 100万年前

現在

Australopithecus afarensis
この320万年前の女性の化石（ルーシーとよばれる）は，エチオピアで発見された，ヒトの特徴をもった最も初期の化石の一つである．身長は90 cmほどで，頭はソフトボールぐらいで，脳は現生チンパンジーの脳より少し大きいだけで，現生ヒトの1/3程度であった

ルーシーの骨格の化石

Homo habilis
ヒト属（Homo）と同じ属の最古のメンバーはH. habilis（器用なヒト）である．その脳の大きさは Australopithecus と現生人の中間である．H. habilis は，アフリカのサバンナで道具を用いていたことがわかっている

石器を用いる H. habilis

Homo erectus
H. erectus（直立したヒト）は，180万年前にアフリカから他の大陸に移住した最初のヒトの系統である．それ以前の種より背が高く，脳も大きい．それにより，寒冷な地域でも生存できたと思われる．この種は，簡単な住居や火を利用し，衣服をつくり，石器を製作した

H. erectus の骨格

Homo neanderthalensis
H. neanderthalensis はネアンデルタール人とよばれ，ヨーロッパにおよそ35万年前に生息していた．現生人より大きい脳をもち，石器や木製の道具で大型の動物を捕らえた．絶滅したのは3万年前である．遺伝学的解析から，彼らは H. sapiens と交雑していたと考えられている

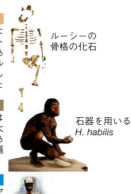

ネアンデルタール人の復元図

Homo sapiens
H. sapiens（知恵のあるヒト）の最古の化石はエチオピアで発見されていて，およそ20万年前のものである．DNA解析は，すべての現生人は当時アフリカに生息していた一人の女性に遡ることを示唆している．われわれの種は，アフリカから，アジア，ヨーロッパ，オーストラリアに広がった

3万年から1万年前の旧石器時代の洞窟画

研究者はヒトの系統（ヒト亜族 hominin）に属する，絶滅した20種の化石を発見している．これらの種の関係はいまだに議論の対象であるが，現生人 *Homo sapiens* の主要な性質が，その出現より前から備わっていたことは明らかである．

コアアイデア
- 哺乳類は毛と，乳を産生する乳腺をもっている．哺乳類は，単孔類，有袋類，真獣類に大別される．
- 霊長類のうち，ヒトを含む系統は500〜700万年前に他の系統から分岐した．初期のヒトの系統に属する種は，H. sapiens が20万年前に出現する以前に，すでにヒトの主要な性質を示していた．

11・1 組織と器官

多細胞動物であるヒトの体には，細胞から組織，器官，器官系を経て個体に至る階層的な構造がみられる．まず，生命の基本単位である**細胞**は，同じ機能を担うものどうしが集まって**組織**をかたちづくる．そして，複数の組織が組合わさってより上位の機能集団である**器官**がつくられる．さらに複数の器官が統合されて**器官系**を構成する．最後に，複数の器官系が協調して機能することで，**個体**が成り立つ．

細胞から個体まで
細胞，組織，器官，器官系という各階層は，それより下位の構造にはない新しい機能をもつ．個体は，各構成単位を単純に足し算したものよりもずっと優れた生命の単位である．

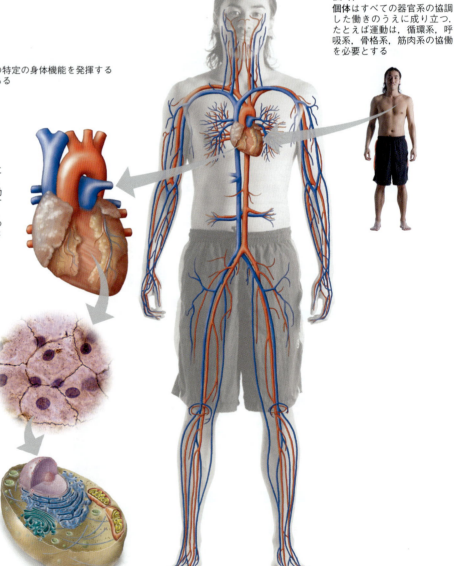

器官系
器官系は消化や呼吸や免疫などの特定の身体機能を発揮するために連携する器官のチームである

器官
器官は異なる組織の協働のもとに成り立つ上位の機能単位である．たとえば，心臓という器官は拍動する筋組織のほか，心拍を調節する神経組織，表面を覆う上皮組織，および，これらの組織どうしをつなぎ合わせる結合組織から構成される

組織
組織は特定の機能を共同で担う同類の細胞の集まりである．たとえば，多数の上皮細胞が重なり合って1枚のしなやかな上皮組織シートがつくられる

細胞
細胞は生命の基本単位である．人体は37.2兆個もの細胞でできている

個体
個体はすべての器官系の協調した働きのうえに成り立つ．たとえば運動は，循環系，呼吸系，骨格系，筋肉系の協働を必要とする

ヒトの組織

細胞が単独で機能することはまれである．ほとんどの細胞は構造と機能が類似した組織として働く．ヒトの組織は，**上皮組織**，**神経組織**，**結合組織**，**筋組織**に大別される．

上皮組織

上皮組織は，表皮，消化管の粘膜上皮，血管内皮など，体表や器官表面を覆うシート状の組織である．ほとんどの場合，上皮細胞どうしは密着している．上皮組織の多くは，細胞が絶えずはがれ落ちてはまた再生される，再生系組織である．

神経組織

神経組織は，体の各部間の情報伝達を担う組織である．ニューロン（神経細胞）が軸索とよばれる細長い突起に沿って電気信号を送り，迅速に情報を伝える．また，受容器により体内外の環境情報を受容し，情報を統合して，効果器を動かす司令を送る．

結合組織

結合組織は**細胞外基質**（コラーゲンなど細胞が分泌したタンパク質の繊維）とそのなかに散在する細胞でできた組織である．ほかの組織や器官をつなぎ止めて補強している．血液，脂肪組織，骨組織，軟骨組織などがある．

血液
血液は血漿と血球からなる組織である．血液は全身に物質を輸送するとともに，免疫系の中心的な役割を担う

脂肪組織
脂肪組織は脂肪滴をたくわえる脂肪細胞の集まりである．エネルギーの貯蔵庫であるとともに，断熱材や緩衝材にもなる

骨組織
骨組織はカルシウムで固められた細胞外基質と骨細胞でできた支持組織である

軟骨組織
軟骨組織は強さと柔軟さをあわせもつ細胞外基質でできている．緩衝材として，骨の末端部や脊椎の間を埋めている

筋組織

筋組織は**筋繊維**という伸縮する細長い細胞を束ねてできた組織である．心筋，平滑筋，骨格筋に大別される．心筋と骨格筋は，顕微鏡で観察すると横紋という特徴的な縞模様がみられる横紋筋である．

心筋
心筋は心臓をつくる筋組織である．心筋では細胞どうしが互いに連絡しているため，同調していっせいに収縮が起こる

平滑筋
平滑筋は消化管や血管などにみられる筋組織で，不随意の刺激に応じて収縮・弛緩する

骨格筋
骨格筋は腱を介して骨と結合していて，随意に（意図的に）これを収縮させることで，関節の運動が起こる

コアアイデア
- 人体には，細胞から組織，器官，器官系，個体に至る階層構造がみられる．
- 組織は同じ機能を担う類似の細胞の集団である．複数の組織が集まって器官をつくる．

11・2 消化系

医食同源という言葉が示すとおり，ヒトの健康は，食事内容および食物から栄養素を取出す**消化系**の働きに依存している．消化系は，1本の消化管（腸管）とそこに消化液などを分泌する付属器官から成り立っていて，摂食，消化，吸収，排泄という働きをする．

消化管
消化管は胃や小腸などいくつかの器官に区分される．

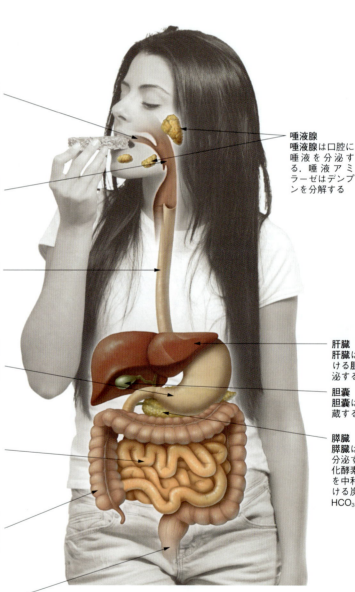

口（口腔）
口は摂食のための器官であり，食物を歯により破砕する物理的消化と，唾液の酵素により分解する化学的消化の場でもある

咽頭
咽頭は気道と食道の交差点である．食物を飲込む際には，喉頭蓋というふたが気管の入口をふさぎ，食物を口から食道へと導く

食道
食道は咽頭と胃をつなぐ筋肉の管である．食物は，筋肉の蠕動運動により一方向に移動し，逆立ちしても通常は逆流しない

胃
胃は食物を貯蔵する袋であり，伸縮性に富んでいる．胃の表面からは，消化酵素ペプシンや酸を含む胃液が分泌される．食物は胃液と激しく混ぜられどろどろの液体（消化粥）となって，少量ずつ小腸へと送られる

小腸
小腸では酵素による最終的な食物消化と，栄養素の吸収が行われる

大腸
大腸は盲腸と結腸と直腸からなる．結腸では水が吸収される．食物繊維などの未消化物は，無数の常在菌とともに便となり，直腸で一時保管された後，肛門から排出される

肛門
肛門は消化管の出口．結腸からの神経刺激によって便意が起こり，随意の括約筋が弛緩すると，便が排出される

唾液腺
唾液腺は口腔に唾液を分泌する．唾液アミラーゼはデンプンを分解する

肝臓
肝臓は脂肪消化を助ける胆汁を小腸に分泌する

胆嚢
胆嚢は胆汁を一時貯蔵する

膵臓
膵臓は膵液を小腸に分泌する．膵液は消化酵素に富み，胃酸を中和して消化を助ける炭酸水素イオンHCO_3^-を含む

消化系の活動

食物を処理して栄養を獲得する過程は，摂食，消化，吸収，排泄の四つの段階に分けられる．

❶ 摂食（口，咽頭，食道）
摂食（食べること）は食物処理の最初の段階である

❷ 消化（唾液腺，胃，肝臓，胆嚢，膵臓，小腸）
消化は食物（高分子）を栄養素（低分子）に分解して吸収できる状態にする段階である．消化には，食物を細片に破砕する物理的消化と酵素で食物分子を加水分解する化学的消化がある．加水分解とは，水を使って高分子内の化学結合を切断し，小さな分子を生じる反応である

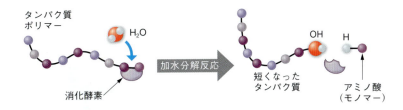

❸ 吸収（小腸，大腸）
吸収は栄養素や水を体内に取込む段階である．栄養素はおもに小腸の吸収上皮から取込まれて血管に移行し，全身の細胞へと送られる

❹ 排泄（大腸，肛門）
排泄は未消化物を便として腸管から排出する段階である

小腸の吸収上皮
小腸の内面には**絨毛**とよばれる小さな指状の突起構造がある．さらに，絨毛表面の上皮細胞自体にも，**微絨毛**とよばれる微小な突起がある．このような階層的な折りたたみ構造が，吸収の場となる広大な表面積を生んでいる．

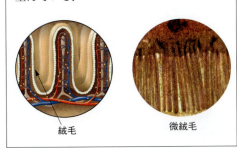

蠕 動
蠕動は消化管を包む筋肉にみられる収縮の波である．リズミカルな蠕動により，食物は腸管の中を逆走することなく進むことができる．

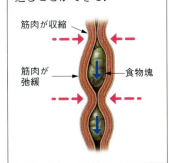

必須栄養素
ヒトは，エネルギー源となる糖や脂質のほか，必須栄養素を摂取する必要がある．必須栄養素にはミネラル，ビタミン，必須脂肪酸，必須アミノ酸の4種類がある．**ミネラル**は，カルシウムや鉄などの無機元素である．**ビタミン**は，ごく微量だけ必要とされる有機低分子である．水溶性ビタミン（B群，C）と脂溶性ビタミン（A, D, E, K）に大別される．**必須脂肪酸**は，体内で合成できない不飽和脂肪酸である．**必須アミノ酸**は，タンパク質をつくる20種類のアミノ酸のうち，ヒトの細胞では十分につくれない8種類（乳幼児は9種類）のアミノ酸である．必須栄養素が足りないと貧血（鉄不足）や壊血病（ビタミンC不足）などの特徴的な欠乏症に陥る．

コアアイデア
- ヒトの消化系は，1本の消化管と，唾液腺や肝臓，膵臓などの付属器官から構成される．
- 消化系の働きには，摂食，消化（物理的消化と化学的消化），吸収（おもに小腸の吸収上皮が担う），未消化物の排泄の四つの段階がある．

11・3 呼吸系

呼吸系は，外気から酸素（O_2）を体内に取込み，体内から二酸化炭素（CO_2）を排出する．ガス交換自体は肺の毛細血管と肺胞の気相の間で行われるが，ほかの多くの器官が効率のよいガス交換を支えている．肺では気道が何段階にも分岐し，その末端に膨大な数の肺胞があることで，ガスが拡散移動するための広大な表面積が確保されている．また，循環系は血液と全身の細胞とのガス交換を助けている．このように，呼吸系と循環系は密接に関連して機能している．

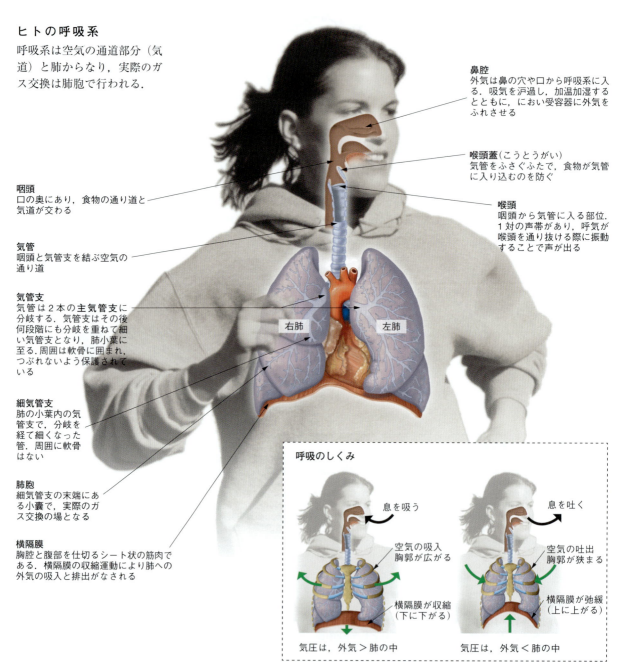

ヒトの呼吸系
呼吸系は空気の通道部分（気道）と肺からなり，実際のガス交換は肺胞で行われる．

咽頭
口の奥にあり，食物の通り道と気道が交わる

気管
咽頭と気管支を結ぶ空気の通り道

気管支
気管は2本の主気管支に分岐する．気管支はその後何段階にも分岐を重ねて細い気管支となり，肺小葉に至る．周囲は軟骨に囲まれ，つぶれないよう保護されている

細気管支
肺の小葉内の気管支で，分岐を経て細くなった管．周囲に軟骨はない

肺胞
細気管支の末端にある小囊で，実際のガス交換の場となる

横隔膜
胸腔と腹部を仕切るシート状の筋肉である．横隔膜の収縮運動により肺への外気の吸入と排出がなされる

鼻腔
外気は鼻の穴や口から呼吸系に入る．吸気を沪過し，加温加湿するとともに，におい受容器に外気をふれさせる

喉頭蓋（こうとうがい）
気管をふさぐふたで，食物が気管に入り込むのを防ぐ

喉頭
咽頭から気管に入る部位．1対の声帯があり，呼気が喉頭を通り抜ける際に振動することで声が出る

右肺　左肺

呼吸のしくみ
息を吸う／空気の吸入　胸郭が広がる／横隔膜が収縮（下に下がる）／気圧は，外気＞肺の中

息を吐く／空気の吐出　胸郭が狭まる／横隔膜が弛緩（上に上がる）／気圧は，外気＜肺の中

ガス交換のしくみ

呼吸系の働きは O_2 を取込み CO_2 を排出することである．O_2 や CO_2 は循環系によって運搬される．

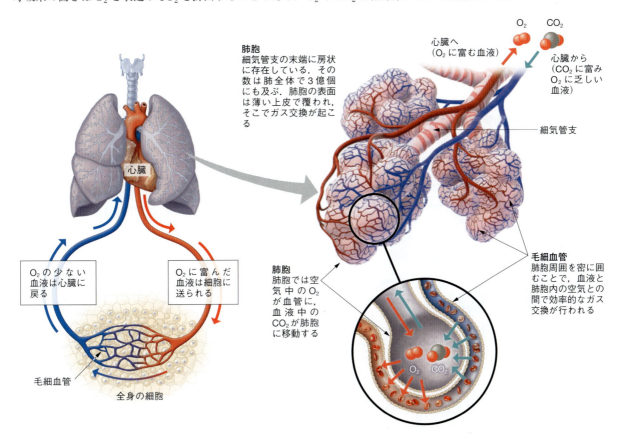

おもな呼吸系の病気

呼吸系の病気には，空気中の病原体や刺激物質によるものがある．

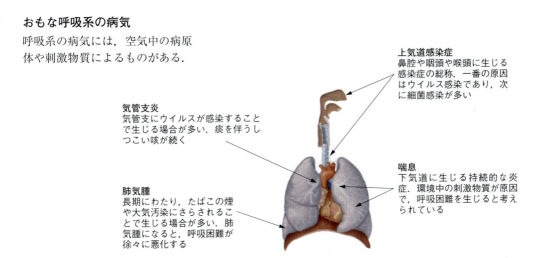

コアアイデア
- 呼吸系はガス交換を行う．呼吸により O_2 を体内に取入れ，CO_2 を排出する．ガス交換は，肺胞内の空気とその周囲の血液との間で行われる．循環系は肺から全身の細胞へ O_2 を運び，CO_2 を回収し肺に戻す．

11・4 循環系

循環系は，体内の輸送網として働く器官と組織の集まりである．体のすべての細胞に肺や消化管から酸素（O_2）や栄養を届けることができるのは，循環系の働きによる．循環系でポンプとして働く心臓は，2心房2心室の4区画からなり，全身に血流を送り出す．

ヒトの循環系

ヒトの循環系は**心臓血管系**ともよばれ，文字どおり心臓と血管から構成される．心臓は全身の血管網に血液を循環させるポンプである．血管には**動脈**，**静脈**，**毛細血管**の3種類がある．

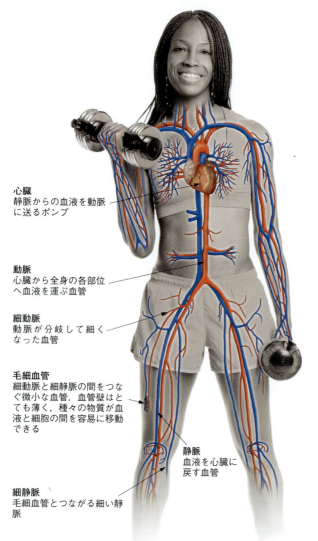

心臓
静脈からの血液を動脈に送るポンプ

動脈
心臓から全身の各部位へ血液を運ぶ血管

細動脈
動脈が分岐して細くなった血管

毛細血管
細動脈と細静脈の間をつなぐ微小な血管．血管壁はとても薄く，種々の物質が血液と細胞の間を容易に移動できる

静脈
血液を心臓に戻す血管

細静脈
毛細血管とつながる細い静脈

心周期

心臓には一定のリズムで電気信号を送るペースメーカーがある．この刺激により心筋が律動的に収縮と弛緩を繰り返し，心拍を生じる．このサイクルを**心周期**という．成人の平常時の心拍数は1分間におよそ72回であるが，脳などからの司令により増減する．

洞房結節
右心房の入口付近にある心臓のペースメーカー．ここからの電気刺激が両心房の壁を伝って広がることで，心房全体が同時に収縮する

電気刺激

房室結節
心室の収縮を指令する中継地．洞房結節からの電気刺激が房室結節に至ると，0.1秒ほど遅れて心室の同調的収縮が起こる．この0.1秒は，心房の血液を心室に送るために必要な時間である

❶ **拡張期**
心筋が弛緩し，心房と心室に血液が流入する

拡張期

収縮期

❸ **心室収縮期**
収縮期後期には，房室結節からの刺激により心室が収縮し，血液が大動脈と肺動脈へ送り出される

❷ **心房収縮期**
収縮期初期には，洞房結節からの刺激により心房が収縮し，血液が心室へ送られる

コアアイデア
- ヒトの循環系は，心臓と血管から構成される．血管系は動脈，静脈，毛細血管からなる．
- 循環系は肺循環と体循環からなり，心臓はどちらにも血液を送るポンプとして働く．心臓では，静脈からの血液が心房に入り，心室へと移動し，動脈へ送られる．

血管の構造

動脈，静脈，毛細血管が血管系を構成する．それぞれの血管は固有の構造をもっている．

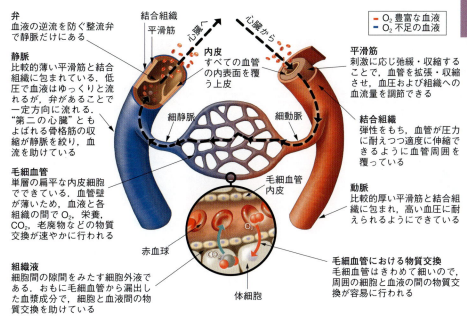

弁
血液の逆流を防ぐ整流弁で静脈だけにある

静脈
比較的薄い平滑筋と結合組織に包まれている．低圧で血液はゆっくりと流れるが，弁があることで一定方向に流れる．"第二の心臓"ともよばれる骨格筋の収縮が静脈を絞り，血流を助けている

毛細血管
単層の扁平な内皮細胞でできている．血管壁が薄いため，血液と各組織の間でO_2，栄養，CO_2，老廃物などの物質交換が速やかに行われる

組織液
細胞間の隙間をみたす細胞外液である．おもに毛細血管から漏出した血漿成分で，細胞と血液間の物質交換を助けている

結合組織／平滑筋

内皮
すべての血管の内表面を覆う上皮

平滑筋
刺激に応じ弛緩・収縮することで，血管を拡張・収縮させ，血圧および組織への血流量を調節できる

結合組織
弾性をもち，血管が圧力に耐えつつ適度に伸縮できるように血管周囲を覆っている

動脈
比較的厚い平滑筋と結合組織に包まれ，高い血圧に耐えられるようにできている

毛細血管における物質交換
毛細血管はきわめて細いので，周囲の細胞と血液の間の物質交換が容易に行われる

- O_2豊富な血液
- O_2不足の血液

心臓の構造

心臓は肺循環（心臓→肺→心臓の経路）と体循環（心臓→全身→心臓の経路）に血液を送る心筋製のポンプである．ヒトの心臓は2心房2心室の4区画に分けられる．心房は静脈からの血液を受入れ，隣の心室へと受渡す．心室は，厚い心筋を収縮させて血液を動脈へ送り出す．

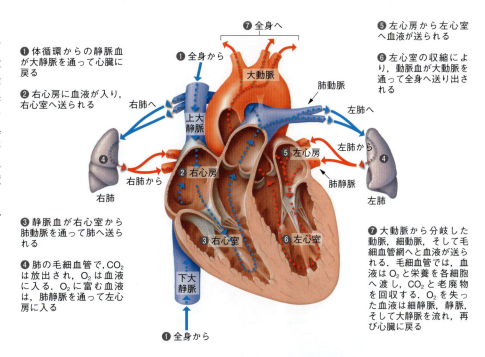

❶ 体循環からの静脈血が大静脈を通って心臓に戻る

❷ 右心房に血液が入り，右心室へ送られる

❸ 静脈血が右心室から肺動脈を通って肺へ送られる

❹ 肺の毛細血管で，CO_2は放出され，O_2は血液に入る．O_2に富む血液は，肺静脈を通って左心房に入る

❺ 左心房から左心室へ血液が送られる

❻ 左心室の収縮により，動脈血が大動脈を通って全身へ送り出される

❼ 大動脈から分岐した動脈，細動脈，そして毛細血管網へと血液が送られる．毛細血管では，血液はO_2と栄養を各細胞へ渡し，CO_2と老廃物を回収する．O_2を失った血液は細静脈，静脈，そして大静脈を流れ，再び心臓に戻る

冠動脈

心臓自体への血液供給は外側の血管から行われる．大動脈から分岐した左右の冠動脈が心筋に血液とO_2を供給している．冠動脈が脂肪性沈着物によってふさがれてしまう（アテローム性動脈硬化）と，心筋細胞にO_2が供給されず死んでしまう．これが**心筋梗塞**による心臓発作である．

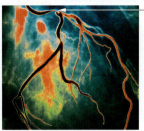

ふさがれた冠動脈

11・5 血　液

循環系の内部には血液が流れている．血液は成人ではおよそ5リットルあり，その半分強を淡黄色の液体成分である血漿が占め，残りを細胞成分が占める．血漿には，タンパク質，塩のほか，酸素（O_2）や二酸化炭素（CO_2），栄養，老廃物，ホルモンなどのさまざまな物質が溶けている．細胞には数種類あり，大部分は赤血球が占める．血液型は赤血球の細胞表面に存在する糖鎖によって決定される．

血液の成分

血液は血漿とよばれる液体中に含まれる多くの分子と数種類の細胞からなる．血液は O_2，CO_2，老廃物，ホルモンなど多くの物質を運搬する．

血漿
・水分（52%）
・タンパク質，電解質（ナトリウム，カリウム，カルシウムなど），その他の物質（O_2, CO_2, 栄養，老廃物，ホルモンなど）（3%）

55%

血球
・赤血球（44%）
・白血球と血小板（1%）

45%

赤血球
中央部がくぼんだ円盤状で，血球の大部分を占めている．核やミトコンドリアをもたない．赤血球は，酸素運搬分子ヘモグロビンを内包し，肺で結合した O_2 を全身の組織に届ける役割を担っている．赤血球が少ないかヘモグロビン量が足りないと，十分な O_2 を運べず，貧血となる

血小板
血液凝固を助ける細胞片である

白血球
免疫系の要として感染と闘う細胞である．白血球にはいくつかの種類があるが，全血球に占める割合は1%にもみたない

血液型

血液型は赤血球表面の糖鎖の種類によって決まる．血液型を決める対立遺伝子は三つあり，各遺伝子はA型の糖鎖をつくるか，B型の糖鎖をつくるか，どちらもつくらないか（O型）の情報をコードしている．これらの遺伝子の組合わせにより，A型，B型，AB型，O型のいずれかが決まる．なお，Rh式血液型のプラス（＋）やマイナス（－）は，ABO式血液型とは関係のない別の遺伝子によって決まる．安全な輸血には，血液型を適合させる必要がある．もし給血者の血液に，受血者にとって見知らぬ糖鎖が含まれていると，輸血された血球を受血者の免疫系が攻撃して命を落としかねない．

血液型	赤血球	詳細
A	A型糖鎖	赤血球はA型糖鎖をもつ．免疫系はB型糖鎖をもつ細胞を攻撃する
B	B型糖鎖	赤血球はB型糖鎖をもつ．免疫系はA型糖鎖をもつ細胞を攻撃する
AB	A型糖鎖 / B型糖鎖	赤血球はA型とB型両方の糖鎖をもつ．免疫系はどの血液型の細胞も攻撃しないためAB型の人は"万能受血者"とよばれる
O	A型B型の糖鎖なし	赤血球はA型とB型のどちらの糖鎖ももたない．免疫系はA型とB型どちらかの糖鎖があれば細胞を攻撃する．一方，O型の赤血球を輸血しても受血者の血液型によらず免疫反応を起こさないため，O型の人は"万能給血者"とよばれる

血液凝固

擦り傷や切り傷くらいでは致命的な出血は起こらない．これは，血液中の物質が血管の損傷部位をふさいでくれるからである．

血小板
骨髄の大きな細胞がちぎれてできた細胞片で，血管損傷時には粘着性の栓となって，速やかに傷口を埋める

フィブリン
血小板は特殊な分子を放出して，フィブリノーゲンという血中タンパク質をフィブリンという糸状の物質に変化させる．フィブリンは互いに結合して血餅を形成する．皮膚に生じた血餅は，いわゆるかさぶたである

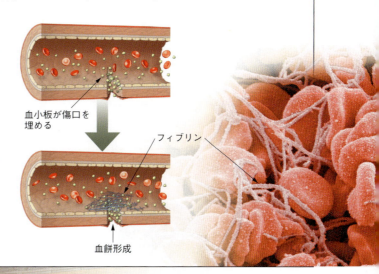

血小板が傷口を埋める

フィブリン

血餅形成

コアアイデア
- 血液は血漿と血球に分けられる．赤血球はO_2を運搬し，白血球は感染と闘い，血小板は止血に働く．
- 血液型は赤血球表面の糖鎖によって決まる．

11・6 免疫系

体外環境は病気の原因となるウイルスや微生物などの**病原体**に満ちている．これらの病原体の感染を最小限に止めるのが**免疫系**の役割である．炎症反応のように病原体の種類にかかわらず起こる非特異的な免疫応答（**自然免疫**）と，個々の病原体を認識して排除する特異的な免疫（**適応免疫**）が，病原体やがんから体を守っている．免疫系の機能不全は種々の疾病の原因となる．

外的防御

病原体に対する第一の防衛線は，皮膚などの障壁による外的防御である．皮膚などの損傷は感染の原因となる．**炎症反応**は第二の防衛線となる感染防御反応の一つである．皮膚が損傷すると，周囲の血管が拡張して血漿が組織中に漏れ出ることで，発赤，発熱，腫脹，疼痛の炎症の4兆候を生じる．炎症により白血球が患部に遊走し，細菌などの病原体を取込んで処理する．

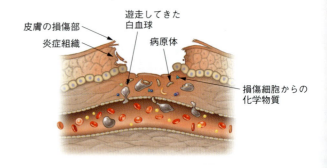

リンパ系

全身に張り巡らされたリンパ管にはリンパ液が流れ，組織に侵入した病原体を**リンパ節**へと運ぶ．リンパ節には食細胞や**リンパ球**などの**白血球**が待ちかまえており，病原体を攻撃するとともに，必要に応じて膨大な数の白血球（リンパ球）を動員して病原体の制圧にかかる．もともとは毛細血管から組織へと漏出した血漿成分であるリンパ液は，太いリンパ管に集められ，最終的に両肩にある静脈に合流し，再び循環系に戻る．

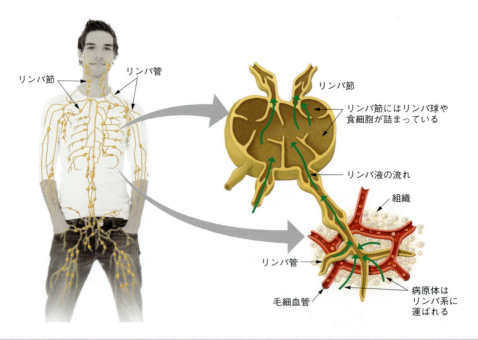

コアアイデア
- 免疫系には，外的防御，炎症反応，リンパ系，白血球といった，病原体から身を守るためのいろいろな防御機構がある．
- 適応免疫は抗体の産生を伴う免疫で，抗原を記憶する．
- 免疫反応は弱すぎても（エイズなど）強すぎても（アレルギー，自己免疫疾患など）疾病の原因となる．

適応免疫

体内に侵入した病原体がもつ**抗原**（免疫応答をひき起こす分子）は，リンパ球（T細胞やB細胞）が担う**適応免疫**を活性化する．リンパ球の表面には，特定の抗原を認識するタンパク質が存在する．ヒト免疫系は，ほとんどあらゆる抗原に結合する，多様なリンパ球を備えている．

リンパ球では，遺伝子の組換えが起こり，それによって特定の抗原を認識する多様なリンパ球が生まれる．リンパ球のうちヘルパーT細胞が抗原を認識し，細胞傷害性T細胞を活性化させて感染細胞を破壊させ，また特異抗体を発現するB細胞を増殖させる

B細胞の表面にはY字形の抗体分子が結合している．抗体と抗原の構造が一致すると，抗体は抗原に結合し，抗原をもつ病原体などを不活化する．B細胞やT細胞の一部は記憶細胞となって，長く体にとどまり，同じ病原体が再度感染すると，免疫系は速やかに応答する

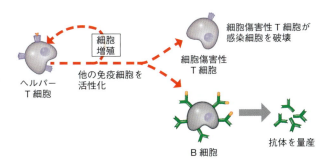
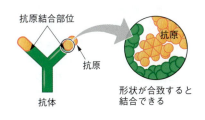

免疫系の機能不全と疾病

生体防御の要である免疫系の異常は，軽度のかゆみから重篤な症状を示すものまで，さまざまな病気につながる．

獲得性免疫不全症候群
ヒト免疫不全ウイルス（HIV，写真の黄色）の感染による免疫不全症が獲得性免疫不全症候群すなわちエイズ（AIDS）である．HIVはヘルパーT細胞（写真の緑色）に感染してその機能を損なう

自己免疫疾患
免疫系が誤って自分自身の細胞を攻撃してしまうと，自己免疫疾患が生じる．関節リウマチ，インスリン依存性（I型）糖尿病，多発性硬化症など，自己免疫疾患の例は多い

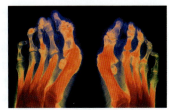

関節リウマチのX線像

アレルギー
通常なら無害な環境因子に対して免疫系が過剰に反応してしまう状態を**アレルギー**という．過敏症の原因となるアレルゲンには，花粉，ダニの糞，動物，穀物をはじめ，いろいろなものがある．アレルギー反応は，2段階の過程を経て起こる．まずB細胞がアレルゲンと初めて遭遇すると，増殖して抗アレルゲン抗体が量産され，抗体の一部がマスト細胞の表面に埋込まれる．2回目にアレルゲンが体内に侵入すると，アレルゲンがマスト細胞に埋込まれた抗体に結合し，マスト細胞からヒスタミンが放出され，炎症反応が開始される

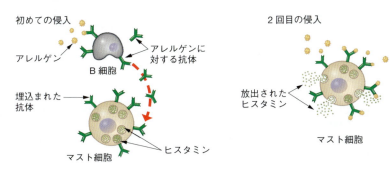

ワクチン
ワクチンは，無害化した抗原を投与して，その抗原に対する抗体を産生する記憶細胞をつくらせることである．免疫系は再度その抗原に遭遇すると，すばやく抗体を産生するようになる．ワクチンの開発によって，ポリオや天然痘のような致死的だった多くの病気を根絶することができた

ワクチンの接種

11・7　ホメオスタシスと内分泌系

生体には，気温，湿度，塩濃度，栄養条件など体外環境が大きく変動した際にも体内環境の恒常性を維持するホメオスタシスのしくみがある．ホルモンを用いてシグナル伝達を行う内分泌系は，体の各部位の連携と調和を図ることでホメオスタシスを支え，体内環境を最適な状態に保っている．

ホメオスタシス

食後に血糖値（血液中のグルコース濃度）が上昇すると，インスリンが働いて血糖値の上昇は抑えられ，2時間ほどで食前の血糖値に戻る．このように体内環境を一定に保つしくみを**ホメオスタシス**という．一方，インスリンの働きが悪い糖尿病患者では，血糖値の調節がうまくできずに乱高下してしまう．

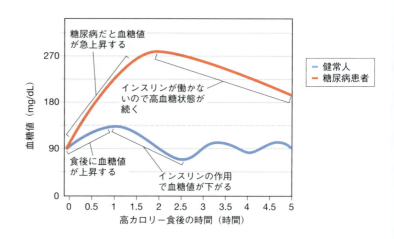

膵臓と血糖調節

消化酵素をつくる外分泌器官である**膵臓**は，グルコース代謝を調節するホルモンをつくる内分泌器官でもある．血糖値を下げるインスリンと血糖値を上げるグルカゴンは，互いに拮抗する膵臓ホルモンである．両者がともに働いて，重層的な**負のフィードバック**調節が行われ，自動的に血糖値が保たれている．ホメオスタシスには，負のフィードバック機構が重要な働きをしている．

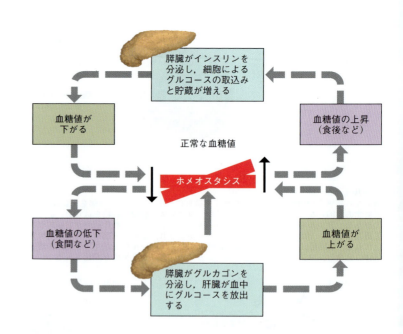

コアアイデア
- 人体には，体外環境が変動しても体内環境を定常状態に維持しようとするホメオスタシスのしくみがある．血糖値維持や体温調節などのホメオスタシスは，負のフィードバック機構により制御されている．
- 内分泌系は，ホルモンを分泌する器官や腺，その他の組織からできている．ホルモンは血流にのって運ばれるシグナル伝達物質で，微量でも全身の標的細胞に影響を及ぼす．

内分泌系

内分泌系は，**ホルモン**を分泌する**内分泌器官**と，ホルモンを受容する**標的器官**から成り立っている．ホルモンは，血流にのって全身の標的器官に情報を伝えるシグナル伝達物質であり，微量でも代謝や成長や生殖などに重要である．たとえば，ヒト成長ホルモン（hGH）は，下垂体から分泌されて小児期から思春期の体の成長を支えるホルモンであり，その過多過少が巨人症や小人症をまねく．

ヒトの内分泌系

内分泌器官には，下垂体や甲状腺などのようにもっぱらホルモンの生産・分泌を行う内分泌腺もあれば，膵臓や消化管のように別の機能ももつ器官もある．内分泌腺の多くは，脳の視床下部によって制御されている．

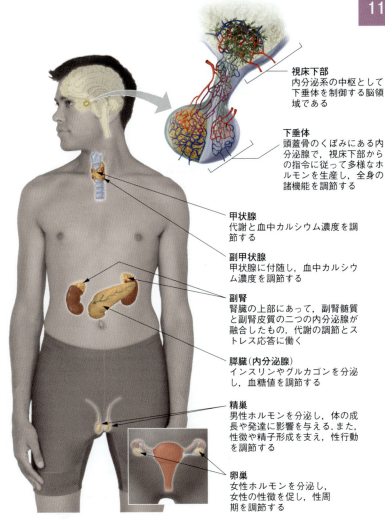

視床下部
内分泌系の中枢として下垂体を制御する脳領域である

下垂体
頭蓋骨のくぼみにある内分泌腺で，視床下部からの指令に従って多様なホルモンを生産し，全身の諸機能を調節する

甲状腺
代謝と血中カルシウム濃度を調節する

副甲状腺
甲状腺に付随し，血中カルシウム濃度を調節する

副腎
腎臓の上部にあって，副腎髄質と副腎皮質の二つの内分泌腺が融合したもの．代謝の調節とストレス応答に働く

膵臓（内分泌腺）
インスリンやグルカゴンを分泌し，血糖値を調節する

精巣
男性ホルモンを分泌し，体の成長や発達に影響を与える．また，性徴や精子形成を支え，性行動を調節する

卵巣
女性ホルモンを分泌し，女性の性徴を促し，性周期を調節する

ホルモンの作用機序

ホルモンは，水溶性ホルモンと脂溶性ホルモンの2種類に大別され，それぞれ異なる方法で標的細胞に変化をもたらす．ホルモンは全身を巡るが，そのホルモンに対する受容体をもつ特定の細胞だけが影響を受ける．

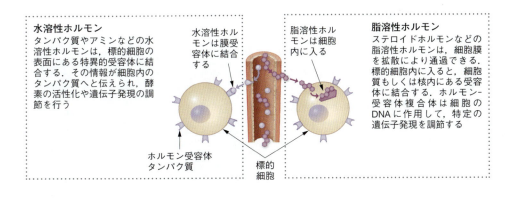

水溶性ホルモン
タンパク質やアミンなどの水溶性ホルモンは，標的細胞の表面にある特異的受容体に結合する．その情報が細胞内のタンパク質へと伝えられ，酵素の活性化や遺伝子発現の調節を行う

水溶性ホルモンは膜受容体に結合する

脂溶性ホルモンは細胞内に入る

脂溶性ホルモン
ステロイドホルモンなどの脂溶性ホルモンは，細胞膜を拡散により通過できる．標的細胞内に入ると，細胞質もしくは核内にある受容体に結合する．ホルモン-受容体複合体は細胞のDNAに作用して，特定の遺伝子発現を調節する

ホルモン受容体タンパク質

標的細胞

11・8 泌尿系

ヒトを始めすべての動物は，水とそこに溶解しているイオンの獲得や損失の制御，つまり**浸透圧調節**を必要としている．浸透圧調節の不全は種々の疾病の原因となる．水分調節は**泌尿系**によって維持されている．その中心的器官は**腎臓**である．

ヒトの泌尿系

腎臓を中心とする泌尿系は，体液に含まれる老廃物や不要物を尿として排出する機能を担う．また，水や生存に必要な物質（グルコース，必要なミネラルなど）を回収し血液へと戻すことで，体の水分量やミネラルバランスおよび浸透圧を適正に保っている．

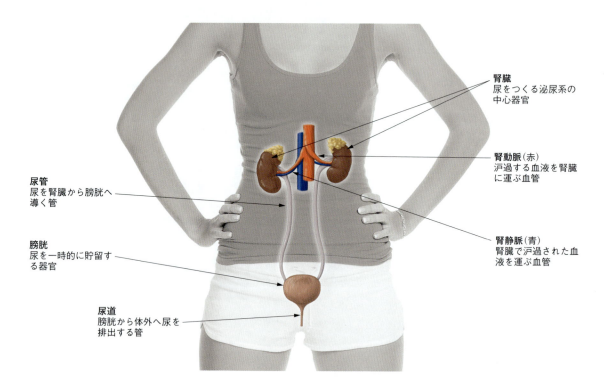

腎臓
尿をつくる泌尿系の中心器官

腎動脈（赤）
沪過する血液を腎臓に運ぶ血管

腎静脈（青）
腎臓で沪過された血液を運ぶ血管

尿管
尿を腎臓から膀胱へ導く管

膀胱
尿を一時的に貯留する器官

尿道
膀胱から体外へ尿を排出する管

透析

腎臓の機能が障害され血液を沪過できない状態を腎不全という．腎不全は，怪我や病気，長期にわたる薬の服用や過度の飲酒などが原因で起こる．ヒトは腎臓が1個あればふつうの生活が送れるが，左右両方の腎臓を損なうと，**透析**か腎移植をしない限り，毒性をもつ老廃物が蓄積して命を落とす．透析は，腎臓の代わりとなる機械によって血液を沪過することである．週に3回，1回当たり4～6時間の処置を生涯続ける必要がある．一方，腎移植は根本治療をめざせるが，適合した臓器が供与されるまでに平均で数年は待たねばならない．

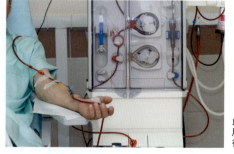

血液透析器を用いて透析を行っている患者

腎臓

血液が腎動脈から腎臓に入ると，血液から沪過された成分（原尿）が尿細管という細い管に入る．原尿が尿細管を通過する過程で，水やグルコースなどの必要な物質は回収されて血流へと戻される．一方，老廃物は濃縮される．実際に血液の沪過や尿の生成が行われるのはネフロン（腎単位）である．最終産物である尿は，尿管を通って腎臓を出て，膀胱にたくわえられたのち，尿道を通って排出される．

ネフロン

腎臓で血液を沪過して尿をつくる装置である．1本の細管とその周囲の毛細血管で構成される．一つの腎臓にはネフロンが何百万個もある．

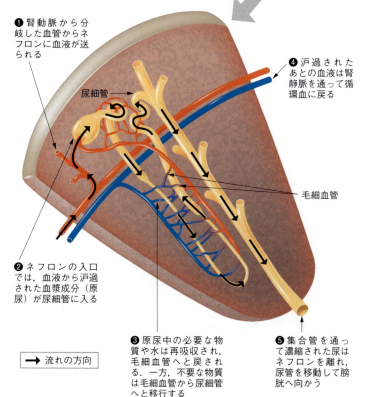

❶ 腎動脈から分岐した血管からネフロンに血液が送られる

❷ ネフロンの入口では，血液から沪過された血漿成分（原尿）が尿細管に入る

❸ 原尿中の必要な物質や水は再吸収され，毛細血管へと戻される．一方，不要な物質は毛細血管から尿細管へと移行する

❹ 沪過されたあとの血液は腎静脈を通って循環血に戻る

❺ 集合管を通って濃縮された尿はネフロンを離れ，尿管を移動して膀胱へ向かう

→ 流れの方向

この黒枠の領域には何千個ものネフロンがある．単一のネフロンを，大きく拡大して模式的に示したのが下図である

沪過される血液は腎動脈から腎臓に入る．腎動脈は，腎臓内で分岐して何百万本もの微細な血管に分かれる

沪過された後の血液は腎静脈を通って循環血に戻る

尿は尿管を通って腎臓を離れ，膀胱に集められる

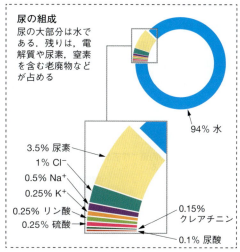

尿の組成
尿の大部分は水である．残りは，電解質や尿素，窒素を含む老廃物などが占める

94% 水
3.5% 尿素
1% Cl⁻
0.5% Na⁺
0.25% K⁺
0.25% リン酸
0.25% 硫酸
0.15% クレアチニン
0.1% 尿酸

コアアイデア
- 泌尿系は，老廃物を排出し，体液の水分や溶質の濃度を調節している．腎臓のネフロン内で，必要な物質は再吸収され，不要物は濃縮されて尿となる．

11・9 生殖系

生殖系は，配偶子（精子と卵）を形成する**生殖腺**（精巣と卵巣）と，配偶子を保管し排出する生殖輸管や性交のための付属器官，さらには受精により生じた胎児を育む器官などで構成される．**精子や卵**の形成過程では，二倍体の細胞から減数分裂により一倍体の配偶子がつくられる．

男性生殖器

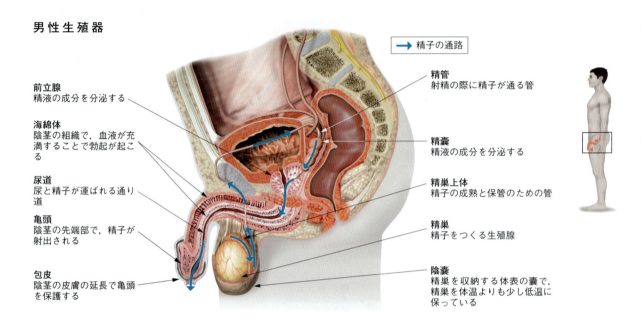

精子形成

精子は，精巣の精細管内腔で形成される．体温よりも低温が**精子形成**の適温であり，精巣が陰嚢内にあることは理に適っている．精子形成では，二倍体（23対，46本の染色体をもつ）の細胞から一倍体（半数体ともいう，23本の染色体をもつ）の細胞（精子）が形成される

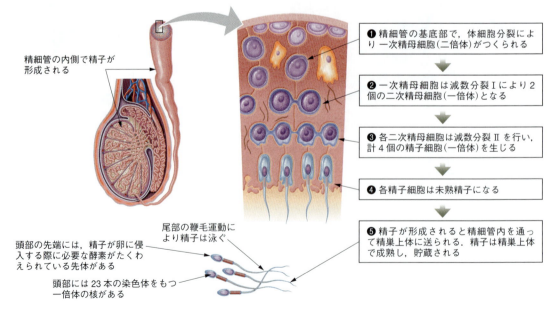

女性生殖器

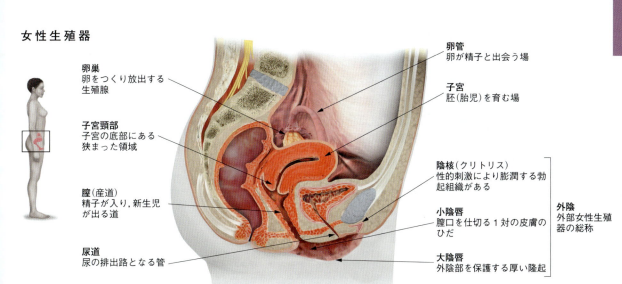

- **卵巣**：卵をつくり放出する生殖腺
- **子宮頸部**：子宮の底部にある狭まった領域
- **膣（産道）**：精子が入り，新生児が出る道
- **尿道**：尿の排出路となる管
- **卵管**：卵が精子と出会う場
- **子宮**：胚（胎児）を育む場
- **陰核（クリトリス）**：性的刺激により膨潤する勃起組織がある
- **小陰唇**：膣口を仕切る1対の皮膚のひだ
- **大陰唇**：外陰部を保護する厚い隆起
- **外陰**：外部女性生殖器の総称

月経周期

女性では生殖に向けた体の準備のために一連の事象が繰返されるが，その周期を**性周期**という．ヒトの性周期は，約28日周期で起こる**月経**が目印となる月経周期である．月経の開始日を0日目とすると，**排卵**（卵巣からの卵の放出）は14日目ごろに起こる．排卵後は性ホルモンの作用により血液が豊富な子宮内膜が形成されるが，妊娠が起こらなければやがて内膜は剥げ落ちて排出される．これが月経である．

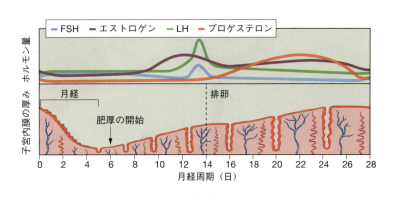

卵形成

卵巣には出生時から多くの一次卵母細胞がある．思春期以降は，毎月，そのなかから1個（まれに複数）の**卵胞**が発達し，卵胞中で一次卵母細胞が二次卵母細胞となって放出（**排卵**）される．

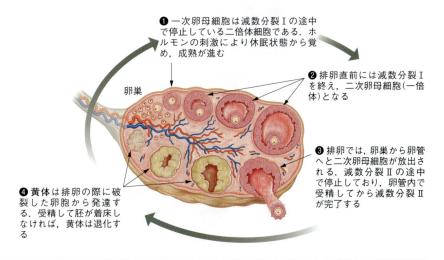

❶ 一次卵母細胞は減数分裂Ⅰの途中で停止している二倍体細胞である．ホルモンの刺激により休眠状態から覚め，成熟が進む

❷ 排卵直前には減数分裂Ⅰを終え，二次卵母細胞（一倍体）となる

❸ 排卵では，卵巣から卵管へと二次卵母細胞が放出される．減数分裂Ⅱの途中で停止しており，卵管内で受精してから減数分裂Ⅱが完了する

❹ 黄体は排卵の際に破裂した卵胞から発達する．受精して胚が着床しなければ，黄体は退化する

コアアイデア
- 生殖系は精子と卵をつくり，保管し，放出して受精に導く．一倍体の配偶子は，生殖腺（精巣と卵巣）の中で二倍体細胞からつくられる．

11・10 受精と発生

動物は，1個の細胞である**受精卵**から発生する．ヒトの一生も，母親の卵が父親の精子の一つと融合したときが，生物学上の物語の始まりである．受精後，胚は発達しながら子宮まで進み，**着床**し，やがて胎児となる．ヒトの妊娠は通常で受精後266日間（約38週間）続く．ただし，慣例的に，最後の月経の開始日を0日として，妊娠期間を40週間（約9カ月）と数えることが多い．本節では，受精から出生までのヒトの発生を追ってみよう．

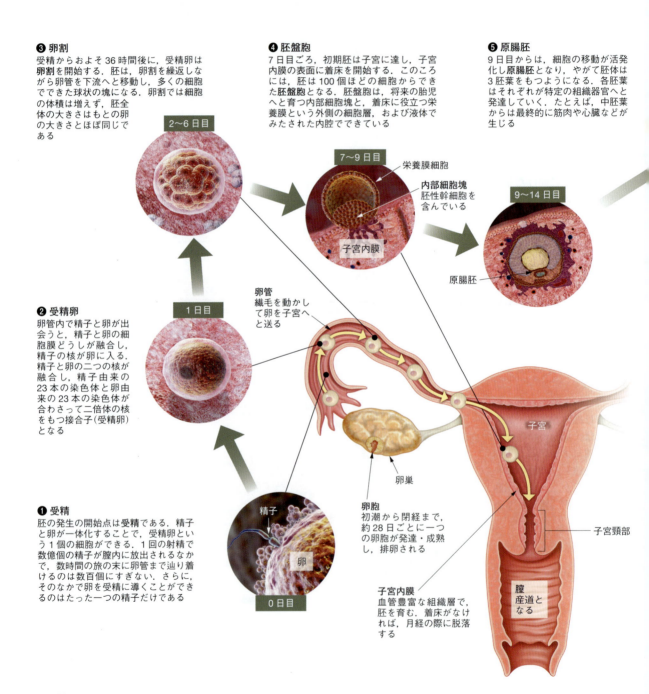

❸ 卵割
受精からおよそ36時間後に，受精卵は**卵割**を開始する．胚は，卵割を繰返しながら卵管を下流へと移動し，多くの細胞でできた球状の塊になる．卵割では細胞の体積は増えず，胚全体の大きさはもとの卵の大きさとほぼ同じである

❹ 胚盤胞
7日目ごろ，初期胚は子宮に達し，子宮内膜の表面に着床を開始する．このころには，胚は100個ほどの細胞からできた**胚盤胞**となる．胚盤胞は，将来の胎児へと育つ内部細胞塊と，着床に役立つ栄養膜という外側の細胞層，および液体でみたされた内腔でできている

❺ 原腸胚
9日目からは，細胞の移動が活発化し**原腸胚**となり，やがて胚体は3胚葉をもつようになる．各胚葉はそれぞれが特定の組織器官へと発達していく．たとえば，中胚葉からは最終的に筋肉や心臓などが生じる

❷ 受精卵
卵管内で精子と卵が出会うと，精子と卵の細胞膜どうしが融合し，精子の核が卵に入る．精子と卵の二つの核が融合し，精子由来の23本の染色体と卵由来の23本の染色体が合わさって二倍体の核をもつ接合子（受精卵）となる

❶ 受精
胚の発生の開始点は受精である．精子と卵が一体化することで，受精卵という1個の細胞ができる．1回の射精で数億個の精子が膣内に放出されるなかで，数時間の旅の末に卵管まで辿り着けるのは数百個にすぎない．さらに，そのなかで卵を受精に導くことができるのはたった一つの精子だけである

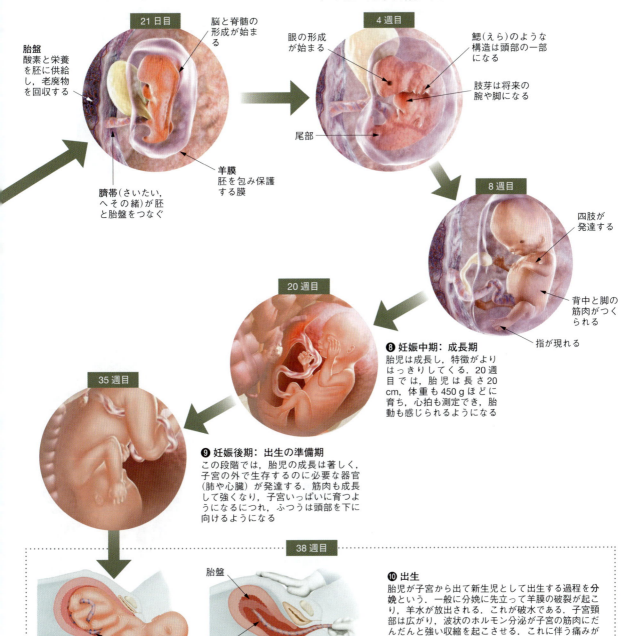

11・11　神経系と感覚受容器

神経系は，情報伝達と協調のために全身に張り巡らされた神経のネットワークである．ヒトの神経系は**中枢神経系**（CNS）と**末梢神経系**（PNS）に分けられる．神経系は**ニューロン**（神経細胞）とよばれる，電気信号を伝える細胞を含んでいる．ヒトが環境の変化に応じて体内環境を保つには，神経系が外界の情報を受容して，適切に応答する必要がある．この反応は，**感覚受容器**からの情報入力，中枢での情報処理，効果器への情報出力という過程から成り立っている．

ヒトの神経系

ヒトの神経系は中枢神経系（CNS）と末梢神経系（PNS）に分けられる．

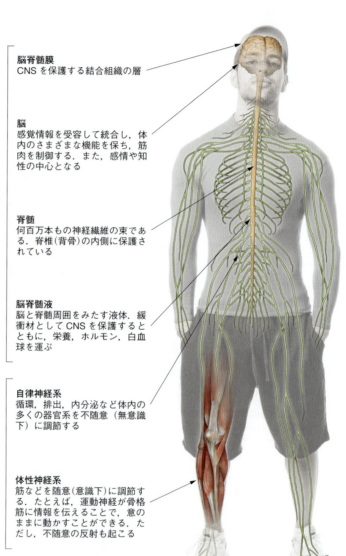

中枢神経系(CNS)は感覚器などからの情報を受容し，それらを統合して反応を決定し，筋肉運動などを指令する

脳脊髄膜
CNS を保護する結合組織の層

脳
感覚情報を受容して統合し，体内のさまざまな機能を保ち，筋肉を制御する．また，感情や知性の中心となる

脊髄
何百万本もの神経繊維の束である．脊椎（背骨）の内側に保護されている

脳脊髄液
脳と脊髄周囲をみたす液体．緩衝材として CNS を保護するとともに，栄養，ホルモン，白血球を運ぶ

末梢神経系(PNS)は中枢神経系への情報や中枢神経系からの情報を伝える

自律神経系
循環，排出，内分泌など体内の多くの器官系を不随意（無意識下）に調節する

体性神経系
筋などを随意（意識下）に調節する．たとえば，運動神経が骨格筋に情報を伝えることで，意のままに動かすことができる．ただし，不随意の反射も起こる

コアアイデア
- 神経系は中枢神経系（CNS，脳と脊髄）と末梢神経系（PNS）に分けられる．CNS は，情報を受容し，統合し，送信する．PNS は，CNS と末端器官をつなぐ．
- 感覚は，感覚受容細胞が環境刺激（光や化学物質）を検出し，神経の電気信号に変換して脳に伝えることで生じる．

感覚受容器

感覚受容器としては，痛み，温度，機械刺激（接触，圧力，動き，音，体位），電磁気（光などエネルギー線），化学物質（食物成分やにおい分子）などの多様な環境刺激に対応して多くの種類がある．それぞれの受容器は，構造が大きく違うが，検出した環境情報を中枢に伝えるしくみはほぼ同じである．

嗅覚と味覚

嗅覚や**味覚**の受容器は化学物質を受容する．外界からの刺激により，受容細胞内で電位の変化が生まれることで，感覚受容器が刺激を検出する．その情報は信号化され，感覚神経のニューロンを伝わる活動電位となって中枢神経系（CNS）へと運ばれ，脳の特定領域で知覚となる．

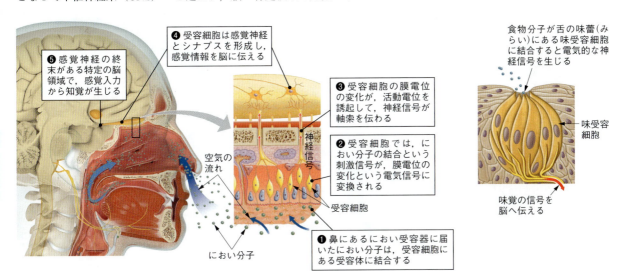

視覚

視覚の感覚受容器であるヒトの眼は，複数の波長の光を高感度で検出し，物体を遠近感のある像としてとらえることができる．光は網膜の光受容細胞で検出される．光が網膜に入射すると，受容細胞は光刺激を電気信号に変換し，その信号を視神経が脳に伝える．

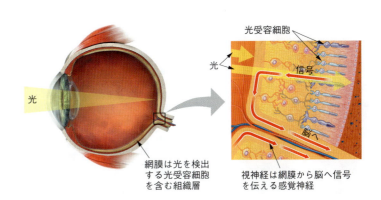

聴覚

聴覚の感覚受容器であるヒトの耳は幅広い音域の音を聴くことができる．音は振動として耳の中を伝わり，内耳をみたす液体へと届けられる．音受容器である内耳には有毛細胞とよばれる受容細胞があり，細胞の毛状突起が振動に応じて曲げられると，電気信号が生じる．

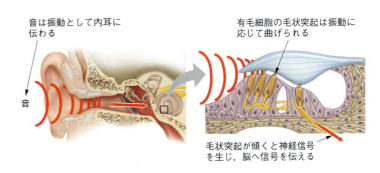

11・12 ニューロンと脳

神経系を構成する**ニューロン**（神経細胞）は，体のある部分から他の部分に電気信号を伝える．1個のニューロンは何千ものニューロンと連絡して，神経回路を形成し，それが運動，知覚，学習，記憶などを可能にしている．**脳**は神経回路の中枢であり，ヒトの高次神経機能を司っている．

神経

神経は神経繊維（軸索）を束ねた通信ケーブルである．神経繊維は，結合組織で緩く包まれている

- 1本の神経繊維
- 神経繊維の束
- 結合組織の膜
- 血管
- ミエリン鞘：神経軸索を絶縁して電気信号の伝播速度を上げる．支持細胞が数珠状に連なってできる

細胞体
ニューロンの心臓部．核や各種の細胞小器官がある

樹状突起
他のニューロンから情報を受容し，細胞体に伝える．一般に短く，分岐や数も多い

神経軸索
細胞体から長く伸びる1本の突起．細胞体から軸索終末に向けて信号を伝える

神経信号

静止膜電位と活動電位

静止時の軸索では細胞外よりも細胞内の電位が低く負に荷電している．このときの膜を挟んだ電位差を**静止膜電位**という．一方，神経信号の伝播は，活動電位の発生により起こる．活動電位の発生は，細胞膜のイオンの透過性が変化することにより，一過性に膜電位が逆転する現象である．

- 細胞膜にあるタンパク質が，軸索に出入りするイオンの透過性を調節している
- 神経信号は，陽イオンが軸索内に流入するのに続けて，陽イオンが逆向き（外向き）に流れることで生まれる活動電位によって伝えられる
- 刺激がない静止時には，陽イオンが軸索から外へと流れている．このときの膜を挟んだ電位差が静止膜電位である

軸索内部

神経信号

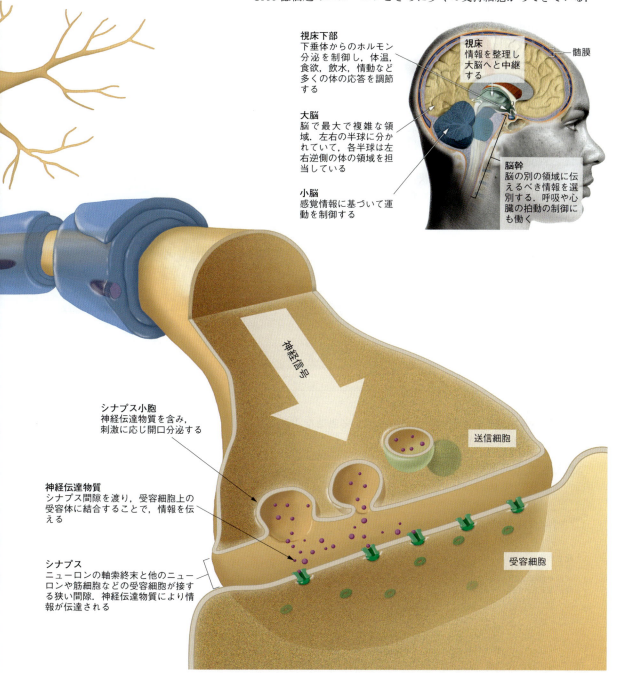

脳

ヒトの脳は情報を受容し，処理し，学習や記憶などの高次神経活動を行う，きわめて精巧なシステムである．複雑にネットワーク化された1000億個超のニューロンとさらに多くの支持細胞からできている．

視床下部
下垂体からのホルモン分泌を制御し，体温，食欲，飲水，情動など多くの体の応答を調節する

視床
情報を整理し大脳へと中継する

髄膜

大脳
脳で最大で複雑な領域．左右の半球に分かれていて，各半球は左右逆側の体の領域を担当している

脳幹
脳の別の領域に伝えるべき情報を選別する．呼吸や心臓の拍動の制御にも働く

小脳
感覚情報に基づいて運動を制御する

神経信号

シナプス小胞
神経伝達物質を含み，刺激に応じ開口分泌する

送信細胞

神経伝達物質
シナプス間隙を渡り，受容細胞上の受容体に結合することで，情報を伝える

受容細胞

シナプス
ニューロンの軸索終末と他のニューロンや筋細胞などの受容細胞が接する狭い間隙．神経伝達物質により情報が伝達される

コアアイデア
- 神経信号は，軸索に出入りするイオンの移動により生まれる活動電位によって，軸索に沿って伝えられる．シナプスでは，神経伝達物質という化学信号により隣の細胞に情報が伝えられる．
- 脳はさまざまな情報を統合して行動を決定し，また，学習や記憶などの高次神経活動を行う．

11・13　骨格系と筋肉系

ヒトが運動するためには**骨格系**と**筋肉系**が必要である．骨格系は運動のみならず，内部の器官の保護や位置の固定にも役立っている．筋肉には，いくつかの種類があるが，いずれも2種類のタンパク質繊維が相互にスライドすることで収縮する．

ヒトの骨格系

ヒトは**内骨格系**をもち，骨が体の深部にあって柔組織と混在している．一方，体の外側に堅い骨格をもつ昆虫やカニなどの骨格系は**外骨格系**とよばれる．ヒトの骨は206個ある．これらは，体幹を支える中軸骨格と，それ以外の四肢骨格に大別される．また，軟骨も骨格系の一員である．軟骨は柔軟性をもち，緩衝材として働く．

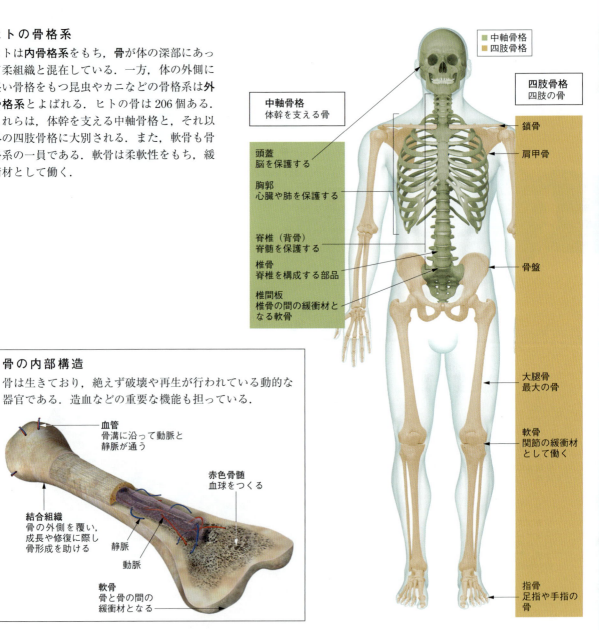

骨の内部構造

骨は生きており，絶えず破壊や再生が行われている動的な器官である．造血などの重要な機能も担っている．

コアアイデア
- ヒトの骨格系は206個の骨と軟骨からできている．骨は，必要に応じ再生できる生きた組織である．
- ヒトの筋肉には，平滑筋，心筋，骨格筋の3種類がある．運動を担う骨格筋では，筋繊維にあるサルコメアが縮むことで，筋肉が収縮し，体の運動が生まれる．

ヒトの筋肉系

筋肉には，**平滑筋**と**心筋**，**骨格筋**の3種類がある．平滑筋は消化管や血管などの器官を包む筋肉である．心筋は心臓だけにみられる筋肉である．骨格筋は，骨に付着して運動ができるようにしている．ヒトにはおよそ640の骨格筋がある．

筋繊維と筋原繊維

骨格筋は，筋繊維を階層的に束ねたものである．1本の筋繊維は長い円筒状をした多核の細胞（筋細胞）である．筋細胞の大部分はタンパク質繊維の束である筋原繊維で占められている．骨格筋のタンパク質繊維は規則的に配置されているため，明暗が繰返された縞模様（横紋）が観察される．それゆえ，骨格筋は横紋筋とよばれる．

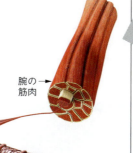
腕の筋肉

毛細血管

筋繊維
骨格筋細胞．繊維1本は単一の長い細胞でできている．細胞は細胞どうしが融合したもので，複数の核をもつ

筋原繊維
筋繊維の中にあるタンパク質でできた円筒状の糸．筋繊維はたくさんの筋原繊維の束で埋まっている

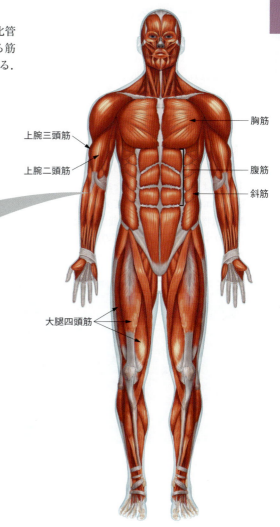

上腕三頭筋
上腕二頭筋
胸筋
腹筋
斜筋
大腿四頭筋

筋収縮

筋原繊維はサルコメア（筋節）という機能単位が縦方向に並んだものである．サルコメアを構成する太いフィラメント（ミオシン）と細いフィラメント（アクチン）がATPのエネルギーを利用して互いに滑ることで，サルコメアがいっせいに収縮し，筋収縮が起こる．

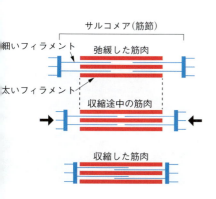

サルコメア（筋節）
細いフィラメント
弛緩した筋肉
太いフィラメント
収縮途中の筋肉
収縮した筋肉

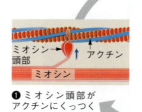
ミオシン頭部
アクチン
ミオシン
❶ ミオシン頭部がアクチンにくっつく

❷ ミオシン頭部が屈曲し，アクチンを中央方向に引っ張り，サルコメアが短くなる

ATP
❸ ATP分子がミオシン頭部に結合すると，ミオシン頭部がアクチンから離れる

❹ ATPの分解により生じたエネルギーにより，ミオシンは高いエネルギー状態に移行し，再びアクチンと結合する

12 生態学

12・1 生態系の非生物要因

生態系には，そこに生息する生物だけでなく，生物を取巻く環境も含まれる．個々の生物は**生物要因**とよばれ，生物を取巻く物理的・化学的環境は**非生物要因**とよばれる．生物に影響を与える光や温度のような非生物要因も，生態系の一部である．

エネルギー

すべての生物は生きるためのエネルギーを必要とする．したがって，すべての生態系は生命を維持するためのエネルギー源を必要とする．植物や藻類は太陽光をエネルギー源として光合成を行い，糖をつくる．光合成でつくられた糖は植物自身によって消費されたり，生態系のなかの他の生物の食料となったりする．太陽光とは別のエネルギー源を利用する生態系もまれに存在する．

陸地の光
ある場所にどれくらいの生物が生存できるかは，利用できる太陽光の量によって決まることが多い．高木が光を遮る林床では，小さな植物の間で光をめぐる競争が起こる

水中の光
太陽光は水中深くまでは届かないので，光合成はほとんどが水面近くで行われる．コンブやワカメなどの海藻は太陽光が届く浅い海中でよく生育する

熱水噴出孔
ごくまれに光を全く必要としない生態系が存在する．深海底には熱水噴出孔とよばれる火山性のガスが噴出する割れ目があり，周辺にはその化学成分をエネルギー源として利用できる原核生物が生息している．そこにはこの原核生物を出発点とする食物連鎖によって，特異的な生態系が成立している

栄養

大気から直接取込まれる酸素や炭素，水素と異なり，窒素やリンなどの栄養素は土壌から植物に吸収されなくてはならない．生態系が維持できる生物量は，利用可能な無機栄養量に制限される．陸上生態系では，土壌の水分やpH，栄養量などが，生育できる植物の種類や数を決定する大きな要因となる．海洋生態系では，海水に含まれる栄養量が藻類や細菌の生育を制限する要因である．

肥よくな土で栽培されたトウモロコシ（左）と窒素不足の土で栽培されたもの（右）

サラセニア *Sarracenia purpurea* などの食虫植物は貧栄養の土地に生育しており，昆虫を捕食することで不足する窒素などを補っている

風

陸上生態系では，風も重要な要因である．風が吹いて生物の体から水分が蒸発するときには，気化熱が奪われて体温が低下する．強い風で植物の成長が影響を受けることもある．

一定方向に吹き続ける強風で，偏った樹形になった木．植物にとって，風は花粉のやりとりや水分の蒸散にも影響する非生物要因である

温度

温度は生物の分布を制限する重要な要因である．ほとんどの生物は 0〜43 ℃ で最も効率よく活動できる．多くの陸上生物は，温度変化に対して，呼吸を速くしたり汗をかいたりして体温調節できるよう適応している．

ガラパゴスリクイグアナ Conolophus subcristatus のようなトカゲの仲間は，体を温めるために日光浴をする

鳥の羽毛は断熱材である．寒い日には皮膚の筋肉を収縮させて羽毛を立て，全体が膨らんで見える．空気の層をつくることで体温を保つことができる

水

すべての細胞の大部分は水分である．したがって，すべての生物にとって水は生存に不可欠であり，すべての種は体内の水分をうまく調節するように適応進化している．陸上生物は，乾燥を防ぐための多くの適応形質をもっている．水生生物でも，細胞内の水分量を調節できないと生存できない．

水分の蒸発を防ぐため，ほとんどの植物の体表面にはワックス質でできたクチクラ層がある

火

北米の大草原やマツ林など，ある種の生態系では周期的に起こる山火事が重要な非生物要因となっている．火にさらされることではじめて種子が発芽できる植物などは，周期的な山火事をうまく利用するように進化してきたと考えられている．

米国イエローストーン国立公園の林で 1988 年に起こった大規模な山火事

淡水魚は薄い尿を大量に排出することで体内の水分量を調節している

水分を減らすために腎臓で大量の薄い尿がつくられる

水分は体表面やえらから魚の体内に取り込まれる

イエローストーン国立公園の山火事後の植生の回復

コアアイデア
- 非生物要因は生態系の生物に大きな影響を及ぼす．非生物要因には，エネルギーや栄養素，風，温度，水，火が含まれる．

12・2　生物群集と種間相互作用

ある地域で互いに接触することが可能な生物すべて（植物，動物，菌類，微生物など）の集まりを**生物群集**または単に**群集**という．群集に含まれる生物は，餌や水，太陽光や空間をめぐって競争する．群集の構造は，そのなかで起こる種間の相互作用によって影響を受ける．

生物群集

群集には，その地域に生息するすべての生物が含まれる．群集のなかに生息する生物は互いに影響し合って生活している．

種間相互作用

種と種がどのように関係しているのかという**種間相互作用**について調べるのが**群集生態学**である．種間相互作用はその種にとって有益であるか，有害であるか，どちらでもないかという基準によって，右の表のように分類される．これらの種間相互作用がいくつも複雑に絡み合って生態系をつくっている．

相互作用	種1への影響	種2への影響	例
競争	－（有害）	－	太陽光をめぐる林床の植物
相利共生	＋（有益）	＋	蜜を供給する花と花粉を運ぶ昆虫
捕食	＋	－	ガゼルと捕食者のチーター
植食	＋	－	シカと餌になる植物
寄生/病原菌	＋	－	イヌの心臓に寄生するフィラリア
片利共生	＋	影響なし	シラサギはウシが草を食べるときに飛び立つ虫を食べて，ウシから利益を得るが，ウシには利益も害も与えない

競　争

種の生存のためには餌や水，太陽光，空間について，それぞれの種に特有の条件がみたされる必要がある．生態系のなかの資源は限られているため，二つの種が同じ資源を必要とすることがあれば，その資源をめぐる競争が起こる．そのような種間競争では一方の種の個体数が増えれば，もう一方の種が減少することになる．全く同じ資源を必要とする2種であれば，その2種は一つの群集のなかで共存できない．このことを**相互排除の原則**という．

北米東北部の林では，クマ *Ursus americanus* とシマリス *Tamias striatus* が餌のドングリをめぐって競争している．ドングリの量には限りがあるため，一方の摂食量が多いと，他方の食料が減る

相利共生

双方が利益を得ることができる種間関係を**相利共生**という．共生には寄生のように，一方にとっては有用であるが，他方には有害である関係も含まれるので，相利共生と共生は異なることに注意しよう．

サンゴ
サンゴのなかには多くのサンゴポリプが生息している．一つのポリプは1個体の動物で，体内に数百万個の単細胞藻が共生する．この藻類はポリプの中で太陽光を得る代わりに，光合成で得られた糖をポリプに供給する

送粉者
花はミツバチなどの送粉者に蜜を提供する．送粉者は蜜を得ると同時に，花から花へと花粉を運ぶことで，植物の種子生産に役立っている

菌根
植物の根に菌類が共生してできるのが菌根である．植物は菌類に糖などを供給し，菌類は植物にミネラルなどを供給する

捕食，植食，寄生，病原体

この四つは全く異なる種間関係だが，いずれも片方の種が利益を得る一方で，他方の種が搾取されて不利益を被るという点が共通している．

捕食者
捕食は捕食者となる種が獲物となる種を殺して餌とする種間関係である．捕食される種は捕食者から逃れるために適応進化している．インパラはチーターから逃れるためにスピードと敏捷性を進化させた．捕食者から逃れるための適応はさまざまであり，擬態や殻，針やとげ，毒などが知られている

植食者
動物が植物を餌とすることを**植食**とよぶ．サボテンのとげやトリカブトの毒は，植物が植食者に食べられることを防ぐために進化したものである

寄生者
宿主の体内や体表に生息し，宿主を殺すことなく栄養を搾取するのが**寄生**である．寄生は植物にも動物にも存在する．動物の寄生者には，宿主の体内にすむもの（吸虫，条虫，回虫）や，体表にすむもの（ノミ，シラミ，ダニ，ヒル）がある．ネズミにつくノミは宿主の血を餌として生きている

病原体
病気の原因となる微生物は**病原体**とよばれ，細菌やウイルス，菌類や原生生物が含まれる．ヒトにも風邪の原因となるウイルスや肺炎をひき起こす細菌などの病原体が感染する．写真は菌類が原因の胴枯れ病で枯死したクリの木

コアアイデア
- 生物群集のなかで起こる種間関係としては，相互に有害な関係（競争），相互に有益な関係（相利共生），一方が利益を得て他方が害を受ける関係（捕食，植食，寄生，病原体）がある．

12・3　食物網と栄養循環

群集とはある場所に同時に生育する生物の集まりで，群集のなかでは食う食われるの関係，つまり捕食者と被食者の関係が複雑に絡み合っている．群集内の捕食-被食の関係は階層構造になっていて，それぞれの階層を**栄養段階**，全体を**栄養構造**という．上位の栄養段階にある生物がより下位の生物を捕食することで，生態系のなかをエネルギーや栄養が移動する．栄養構造はたくさんの生物とたくさんの段階からなる，きわめて複雑なものである．

食物連鎖

栄養構造の基本は，下位の栄養段階から上位の栄養段階にエネルギーや栄養が移動していくことで，これを**食物連鎖**という．下図は陸上系と水中系の二つの生態系において，下から上に栄養が移動する食物連鎖を示している．最下位の栄養段階を**生産者**という．

食物網

食物連鎖では栄養の移動が単純な直線で表現されるが，実際の生態系はもっと複雑である．各栄養段階には複数の生物種が存在し，同じ餌をめぐって競争する．また，上位の捕食者は下位の複数の段階の生物を捕食する．したがって，実際の生態系のなかでの捕食-被食の関係は，複数の食物連鎖が複雑な網状に絡み合う**食物網**となる．

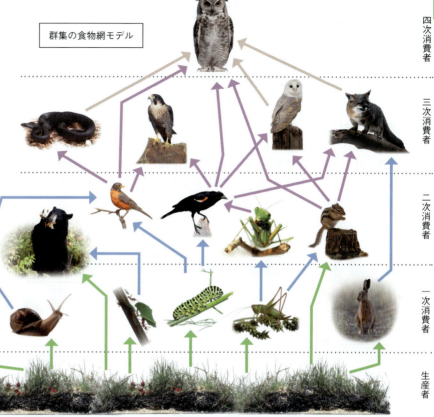

群集の食物網モデル

生物濃縮

生態系のなかの栄養は食物連鎖によって徐々に上位の栄養段階へと上がっていく．生物は生存のために多くのエネルギーを熱として放出するので，必要なエネルギーを得るためには1匹が多くの生物を餌としなくてはならない．産業廃棄物に含まれる毒素など，生物が消化できない成分が生物体内に取込まれると，その生物を餌とする上位の生物にその毒素が移動する．食物連鎖の上位にいる生物が下位の生物を大量に摂取することで，上位の捕食者に高濃度の毒素が蓄積されることを**生物濃縮**という．生物濃縮により，上位の捕食者である大型の魚は被食者である小魚より多くの毒素をもつことになる．

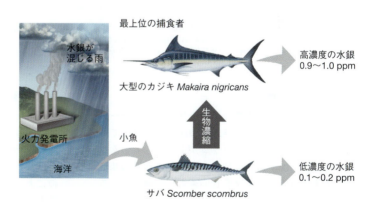

水銀は石炭火力発電所や工場の煙突から空気中に放出される．水銀が雨に混じって海洋に溶け込むと，水中の生産者に取込まれる．その後，食物連鎖によって，上位の栄養段階にある生物には高濃度の水銀が蓄積することになる．大量のサバを食べるカジキの体内には高濃度の水銀が蓄積し，食料としては危険なものになる．最上位の消費者を大量に食べることは，生物濃縮で蓄積された毒素を食べることになるかもしれない

コアアイデア
- 食物連鎖や食物網というのは，最下位である生産者から上位の捕食者へ栄養が移動することである．上位の栄養段階の生物に毒素が蓄積することを生物濃縮という．

12・4　種多様性と帰化種

種多様性は群集内にどのような種がどのように存在するかを示すもので，群集を比較したり，その変化を調べるための重要な指標である．種多様性が高い群集もあれば，低い群集もある．単一の作物が広い面積に栽培されている農場の多様性は低く，サンゴ礁や熱帯林では多様性が高い．

種の豊富さと相対頻度

群集の種多様性には二つの指標がある．一つは**種の豊富さ**で，群集のなかに存在する生物の種数で示される．種数が少ない群集の多様性は低く，種数が多いと多様性が高い．**相対頻度**は群集全体の生物のなかで，種ごとに占める割合のことで，ある一つの種が優占するような群集では，その種の相対頻度だけが高くなり，群集の多様性は低いとみなされる．次の二つの森林を比較してみよう．

森林 A

森林 B

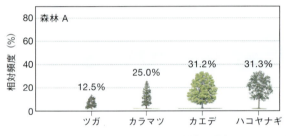

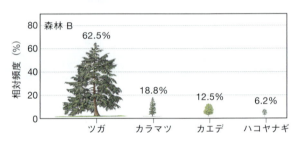

森林 A と森林 B はともに 4 種の樹木で構成されており，種の豊富さは等しい．しかし，森林 B では，そのうちの 1 種が優占している．つまり，森林 B では 1 種だけの相対頻度が突出して高く，他の種の相対頻度は小さい．この場合，森林 B の多様性は森林 A の多様性よりも低いとみなされる

キーストーン種

群集の種多様性に決定的な影響を与える種を**キーストーン種**という．米国アラスカの海岸に生息しているラッコが減少すると，ラッコが主食としているウニが急速に増加する．増加したウニが生態系の基盤である大型海藻のコンブを食い荒らして減少させると，生態系のバランスが大きく崩れる．ラッコのようなキーストーン種は，その 1 種がいなくなることで生態系全体の多様性が大きく変化する重要な存在なのである．

帰化種

もともとその土地にいなかったのに，ヒトにより他所から持込まれて定着するようになった生物種を**帰化種**，あるいは侵略種，外来種という．帰化種が急激に増加することがしばしばあるが，それは帰化種にとって新しい環境には天敵も競争相手もいないためであると考えられる．急増した帰化種が在来種の絶滅をひき起こした例も知られている．

北米に帰化したクズ
東アジア原産のクズ *Pueraria lobata* はつる性のマメ科植物で，19 世紀後半に米国に侵入し，その後急速に広がった

生物的防除

帰化種がしばしば新しい場所で急速に増加する理由の一つと考えられるのは，捕食者や植食者，病原体のような天敵がいないことである．そこで，帰化種を駆除するために天敵を意図的に導入する**生物的防除**が行われることがある．帰化種の侵入を防ぐ最も効果的な方法は最初の侵入を食い止めることである．しかし，いったん侵入と定着が起きてしまった場合の駆除には生物的防除が有効である．生物的防除は畑の害虫や雑草などにも使用される．農薬よりも害は少ないが，導入された生物が環境に与える影響を予測することがむずかしいので，生物的防除の利用は慎重でなくてはならない．

ヨーロッパアワノメイガ Ostrinia nubilalis の幼虫（右）は北米でトウモロコシなどの作物を食害する害虫である．中国から導入されたハリナシバチ Trichogramma ostriniae（左）はこの幼虫の駆除に効果的である

アジア原産のクマネズミは欧米の多くの島に帰化していて，ハワイやカリブ諸島では作物に深刻な被害を与えている．これに対する生物的防除として，インドのマングースが導入された．マングースはどう猛で優秀なハンターであり，クマネズミだけでなく，在来の爬虫類や両生類，鳥類から家畜のニワトリや作物までを捕食した．この例は，生物的防除が思いがけない副作用をもたらす可能性があることを教えてくれる．日本でも沖縄でハブ対策に導入されたマングースが在来生物の脅威となっている

砂浜に産卵するオサガメ *Dermochelys coriacea*

西インド諸島に固有のナミヘビ科の *Alsophis antiguae*

クマネズミ *Rattus tanezumi*

マングース *Herpestes edwardsii*

南太平洋の島に生息するナンヨウクイナ *Gallirallus philippensis*

総合防除

農業は雑草や害虫，病気との闘いである．広い面積に単一の作物が栽培されることが多いため，病原体の感染によって畑の作物が全滅することも起こりうる．農薬などの化学薬品は効果的だが，それ自身が有害であるという問題がある．そこで近年世界各地で生物的防除や農薬などの手法を組合わせた**総合防除**が試みられている．総合防除の目的は病害虫を撲滅するのではなく，被害を最小限に止めることである．右の写真は総合防除が成功したインドのワタ畑．

コアアイデア
- 群集の多様性は種多様性と相対頻度で測ることができる．帰化種は急速に増加して，在来生態系に大きな影響を与えることがある．帰化種の防除には天敵導入などの生物的防除もある．

12・5 生物多様性

生物多様性というのは，地球上のすべての生物を対象とするものである．遺伝子の多様性や，種の多様性，生態系の多様性といったいくつもの段階からなる重層的な構造をしている．生物多様性を保全するためには，すべての段階の多様性に配慮しなくてはならない．

遺伝的多様性

遺伝的多様性は集団内に存在する遺伝子の多様さを表す概念である．ある環境で有利に働く遺伝子は，自然選択によって何世代かあとにはそうでない遺伝子よりも高い比率を占めることになるだろう．遺伝的多様性が極端に減少した集団は環境変化に弱く，絶滅の可能性が高くなる．アイルランドのジャガイモ飢饉（1845～1852）はジャガイモの疫病によって広い範囲のジャガイモが壊滅したことが原因で起こった．当時栽培されていたジャガイモが遺伝的に均一で，病原体に抵抗性のある遺伝子がなかったためである．

病原体に感染したジャガイモ

種多様性

種多様性は特定の生態系やある地域に生存する種の多様さを表す概念である．長期的には，進化によって新しい種が出現することもあれば，古い種が**絶滅**することもある．しかし現在，地球上の種多様性は急速に減少しつつある．いまの割合で減少が続けば，今世紀の終わりまでに現生の動植物種の半分が絶滅するともいわれる．米国ではかつてはどこにでもいたカロライナインコが近年絶滅しているし，日本でもニホンオオカミやニホンカワウソが絶滅したことが知られている．

カロライナインコ *Conuropsis carolinensis* の最後の1羽．動物園で1918年に死んだ

生態系多様性

生態系多様性は地球上に存在する生態系の多様さを表す概念である．生態系が損なわれると，生態系サービス（生態系から人類が受ける恩恵）が悪化する．たとえば，湿地は大量の雨水を貯留することができるので，湿地がなくなると頻繁な洪水が起こるかもしれない．熱帯のサンゴ礁は多くの生物にすみかを提供し，防波堤として海岸を守り，レジャーの場所も提供してくれている．しかし現在，地球上のサンゴ礁の20%がすでに消滅し，75%が存亡の危機にある．

曳網（ひきあみ）漁で損傷を受けたサンゴ礁

生物多様性の恩恵

生物多様性は，その存在が貴重であるだけでなく，われわれの生活や社会に多くのものを与えてくれる必要不可欠なものである．

環境が変化すれば現在の作物がつくれなくなって，穀物や家畜の品種改良が必要になるかもしれない．オーストラリア原産のエミュー *Dromaius novaehollandiae* は家畜化が期待される鳥類である

ほとんどすべての薬は天然物からつくられる．マダガスカル原産のニチニチソウ *Catharanthus roseus* は園芸植物として観賞用にも栽培されるが，白血病の治療薬にもなる

生物多様性減少の原因

生物多様性を脅かす要因はいろいろあるが，近年では人口の増加による人為的影響が最も深刻であり，生物多様性を維持するための対策が必要とされている．

生息地の破壊
開発行為による生息地の破壊は，一度に大量の絶滅をひき起こす最大の脅威である．農業や林業，鉱山，ダム建設などは大規模な環境破壊を伴う．森林破壊は各地で起こっているが，特に熱帯雨林では開発によって多くの種が絶滅の危機に直面している．陸地と海を含む複雑な生態系が存在する海岸も，多くの場所が開発によって失われつつある．写真は農地開発のために焼き払われるブラジルの熱帯雨林

過剰採取
回復する速さを上回る速さで野生生物を採取すると，その種は絶滅してしまう．北米のバイソンは過剰な狩猟によってその数を激減させたし，森林の過剰な伐採は多くの樹種を絶滅寸前に追いやっている．多くの魚類や海産哺乳類も漁業の乱獲により存続が危ぶまれている

帰化種
ある場所に他所からの植物や動物が人為的にもち込まれた場合，その新しい生物が爆発的に増えることがある．侵入者が天敵や餌をめぐる競争相手のいないところでは，急速に増加すると，もとの生態系の生物多様性にとって大きな脅威となる．グアムに帰化したミナミオオガシラ *Boiga irregularis* というヘビは，島に生息していた5種の鳥類を絶滅させたことが知られている

環境汚染
大気や水の汚染による生物多様性の減少は，狭い地域で起こることもあれば，地球規模で起こることもある．石油の流出などは生息地を局地的に破壊するだけかもしれないが，特定の場所で起こった大気汚染は風に乗って広い範囲に広がり，遠くの土壌や水にまで影響を与える可能性がある．写真の2010年にメキシコ湾で起こった海底掘削機の爆発は米国史上最悪の石油流出事故となった

気候変動
地球規模で起こる気候変動は生物多様性に大きな影響を与える．気温や降水量の変化によって起こる生態系の変化は，生物がその変化に適応できないほど速やかに起こりうる．温暖化によって春先の気温上昇が早まったとすると，花はいつもより早く咲くのに，その花粉を運ぶ昆虫はまだ活動していないかもしれない．海洋では海水の高温化によってサンゴから共生藻が失われる白化現象が起こり，サンゴ礁の生態系が脅かされている

コアアイデア
- 生物多様性は遺伝的多様性，種多様性，生態系多様性といった，いくつかの段階で構成される．どの段階も人類の活動による影響を受けている．

12・6 陸圏バイオーム

ある場所に生息しているすべての生物の集まりを**バイオーム**（生物群系）という．地球上には気候に応じてさまざまなバイオームが存在しており，それぞれに異なった生物が生息している．**陸圏バイオーム**はおもに植生の違いによって区分されるため，その分布は植物の生育に影響を与える気温と降水量の影響を強く受けている．また，周期的に起こる山火事によって特徴づけられるバイオームも存在する．地球上の離れた場所であっても，気候が似ていれば，よく似た生物群集からなるよく似たバイオームが成立する．

極氷
北極と南極は**極氷**とよばれる氷で覆われている．極端に寒冷で乾燥しているため生物はほとんど生存できないが，コケなどの小さな植物や地衣類が生育しているところもある

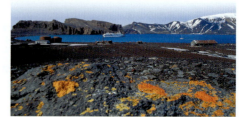

ツンドラ，高山ツンドラ
ツンドラは極周辺の高緯度地域にあり，乾燥と厳しい寒さ，強風が特徴で，1年中溶けることのない永久凍土に覆われている．ツンドラにはおもに背の低い草や矮性の低木，コケ，地衣類が生育する．高山ツンドラは低緯度から高緯度に至る広い範囲の高山帯に成立し，熱帯の高山帯にも存在する．高山ツンドラは強風と低温の影響でツンドラとよく似た景観になるが，永久凍土がないことで，極周辺のツンドラとは異なる

温帯草原
温帯草原の特徴は寒い冬，少ない降水量，周期的な乾季の存在である．樹木は少なく，おもにイネ科の植物からなる草原となる．アジアではステップ，北米ではプレーリーとよばれる．プレーリーはかつては米国中部に広がっていたが，現在では自然草原はほとんど残っていない

熱帯林
熱帯林は赤道付近の湿った暖かい気候に成立する．1年中降水量が多い地域では熱帯雨林となり，周期的な乾季が存在する地域では熱帯季節林となる．熱帯雨林では高木の樹冠が亜高木や低木を覆い，つる植物も葉を厚く茂らせる．植物が複雑に密生する森林には多様な環境が存在するので，多様な動物が生息している

硬葉樹林

硬葉樹林が成立するのは海流の影響がある海岸域で，雨が多くて暖かい冬と暑く乾燥した夏が特徴である．常緑の低木林からなり，冬から春にかけて花をつける一年草が多い．厚くて硬い葉やコルク質の樹皮など，周期的に起こる山火事にも適応した形質がみられる．西南日本にみられる常緑樹林は，暖かいが乾燥する冬と暑くて湿潤な夏が特徴で，照葉樹林とよばれる

針葉樹林

針葉樹林はマツやツガ，セコイヤなどの常緑の針葉樹が優先する森林．北半球では北米北部からヨーロッパ，アジアに至る広大な地域を占める地上最大のバイオームであり，長くて寒い冬と短くてやや降水量の多い夏を特徴とする

夏緑樹林

比較的降水量が多くて，夏は暑く冬は寒い温帯には落葉樹からなる夏緑樹林が成立する．北米では100年以上にわたる伐採と開発によって夏緑樹林の原始林は残っておらず，現在見られる林はすべて新しく成立したものである．日本では東日本のブナ林などに代表される

熱帯草原

アフリカに広い面積を占める熱帯草原はサバンナとよばれ，暑くて乾燥し，木がまばらに生える草原である．草原の植物はおもにイネ科で，雨季に急速に成長して草食動物の大きな群れを養うことができる．乾季には山火事が頻繁に起こり，火の影響の少ない地下に球根をもつ植物や，火事の後すぐに発芽する種子をもつ植物が生育している

砂漠

降水量がきわめて少ない地域には砂漠が成立する．サハラ砂漠のような灼熱の砂漠もあれば，ゴビ砂漠のように寒冷な砂漠もある．サボテンなど砂漠の植物の多くは体組織に大量の水分を貯蔵できるように進化している

コアアイデア
- 陸上のバイオームは植生によって区分される．生育する植物の種類は気温や降水量といった気候だけでなく，周期的な山火事にも影響されて決まる．

12・7 水圏バイオーム

地球表面の大部分は水に覆われており，**水圏バイオーム**は広大な面積と体積を占めている．約3%の塩分が含まれる海水域には，海洋やサンゴ礁などの海水バイオームが存在し，塩分濃度が1%以下の淡水域には湖や川などの淡水バイオームが存在する．

淡水バイオーム

淡水が地球表面に占める割合は1%以下であり，体積は地球上に存在するすべての水の0.01%でしかないが，そこには全生物の約6%の種が生息している．また，われわれの生活は，飲み水や灌漑用水といった淡水がなければ成り立たない．**淡水バイオーム**には，湖や池などの止水域や，川や渓流などの流水域が含まれる．

中間帯バイオーム

陸と淡水のバイオームが海水バイオームと接する場所には，潮間帯や河口など，独特の**中間帯バイオーム**が成立する．

湖，池

湖や池などの，流れていない水を止水という．止水環境には小さなため池から広大な湖まで含まれるが，どんな大きさの止水でもそこに生息する生物は水深や岸からの距離に従って分布している．淡水に生育する**植物プランクトン**の繁殖は，窒素やリンといった水中に溶け込んでいる栄養素の濃度に左右される．農地から窒素やリンを含んだ肥料が流入することで植物プランクトンが爆発的に増加し，湖や池の生態系にしばしば大きな影響を与えるのはそのためである

潮間帯

干潮線と満潮線に挟まれた場所は**潮間帯**とよばれ，周期的な水没と露出を繰返す特殊な環境である．砂浜や岩礁の潮間帯には藻類やフジツボ，ヒトデやイガイなど，定着性の高い生物が生息する

川，渓流

流水環境である川や渓流の上流域では，水は冷たく栄養素に乏しい．下流域では水温がより高く，栄養素も多く含まれて，より多様性の高い生物群集が存在するようになる

河口

川が海に流れ込む**河口**は，淡水バイオームと海水バイオームの移行帯である．栄養豊富な泥が大量に堆積しているので，生産性が高く，多様性の高い生物群集が存在する

湿地帯

湿地や湿原，沼などの**湿地帯**では水圏バイオームと陸圏バイオームが混在する．1年中水がある場所もあれば，季節によって乾燥する場所もあるが，基本的に栄養が豊富で，種多様性の高い生物群集が存在する．また，湿地帯は大量の水をたくわえて沪過することができる．このことは，湿地帯が洪水の調節や水質浄化という重要な機能をもつことを意味しており，湿地帯の保護と回復が重要だとされる理由のひとつである

海水バイオーム

大きな面積と体積を占める**海水バイオーム**では，水深に従ってサンゴ礁やさまざまな群集が層状に分布する．

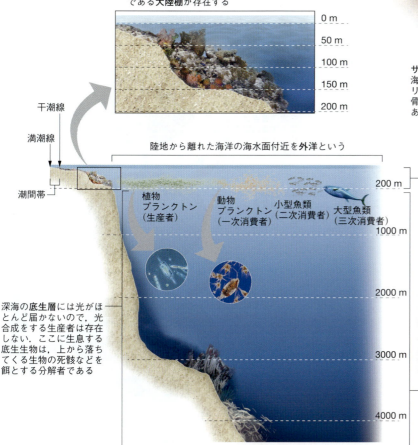

大陸の縁には水深200 m以下の浅い海底である**大陸棚**が存在する

陸地から離れた海洋の海水面付近を**外洋**という

干潮線
満潮線
潮間帯

植物プランクトン（生産者）
動物プランクトン（一次消費者）
小型魚類（二次消費者）
大型魚類（三次消費者）

深海の底生層には光がほとんど届かないので，光合成をする生産者は存在しない．ここに生息する底生生物は，上から落ちてくる生物の死骸などを餌とする分解者である

サンゴ礁は浅くて光がよく届く熱帯の暖かい海に成立する．サンゴは動物であるサンゴポリプ（サンゴ虫）が何世代もかけてつくる硬い骨格で，そこには多くの生物のすみかや餌があり，多様性の高い群集が形成される

約200 mより浅い海中には光合成に必要な光が到達し（有光層），生産者である植物プランクトンが食物連鎖の最底辺に位置している．植物プランクトンは原生動物やオキアミなどの動物プランクトンに食べられ，動物プランクトンは魚に，魚はさらに大きな魚に食べられる．写真は魚群を襲うヨシキリザメ *Prionace glauca*

深海の無光層にも生物が生息する．なかには餌をとるために水面近くまで浮上する生物や，海底に沈んだ生物の死骸などを餌とする生物もいるが，個体数は多くない．写真は深海に生息するチョウチンアンコウの1種 *Melanocetus johnsonii* で，他の動物を食べる捕食者である

水深1600 m以上の深海底に**熱水噴出孔**があり，地球内部から高温の水とガスが噴き出している．そのような極端な環境にも生命は存在する．熱水噴出孔周辺には，熱水に含まれる化学成分をエネルギーとして利用して生きる原核生物が存在し，食物連鎖の最底辺となって，藻類やチューブワームなどからなる生態系をつくっている．この生態系は光ではなく，化学物質に依存している

コアアイデア
- 水圏バイオームには淡水バイオームと海水バイオームがある．海と陸の間の潮間帯，淡水と海水の間の河口は中間帯バイオームである．
- 海水バイオームは，水深に従ってさまざまな層が分布する．

12・8　エネルギーと物質の循環

エネルギーや化学物質も生態系の重要な構成要素である．すべての生物は，生きるためにエネルギーを必要とする．エネルギーのもとになるのは太陽光で，太陽光のエネルギーが形を変えて生態系のなかを循環し，最後は**熱**になって放出される．生命に不可欠である炭素や窒素も形を変えながら生態系のなかを循環している．

エネルギーの流れ

太陽光エネルギーは**一次生産者**である植物や藻類の光合成によって化学エネルギーへと変換される．植物が取込んだエネルギーはその後，食物連鎖のなかで被食者から捕食者へと餌という形で摂取され，低い**栄養段階**から高い栄養段階へと移動していく．生物が死ぬと，その体は死骸からエネルギーを得る**分解者**によって分解される．しかし，すべてのエネルギーが無駄なく移動するわけではない．エネルギーの一部は各栄養段階で熱として放出され，より上位の栄養段階へは残ったエネルギーだけしか伝わらない．最終的には，生態系に入ったエネルギーと同じ量のエネルギーが熱として放出される．

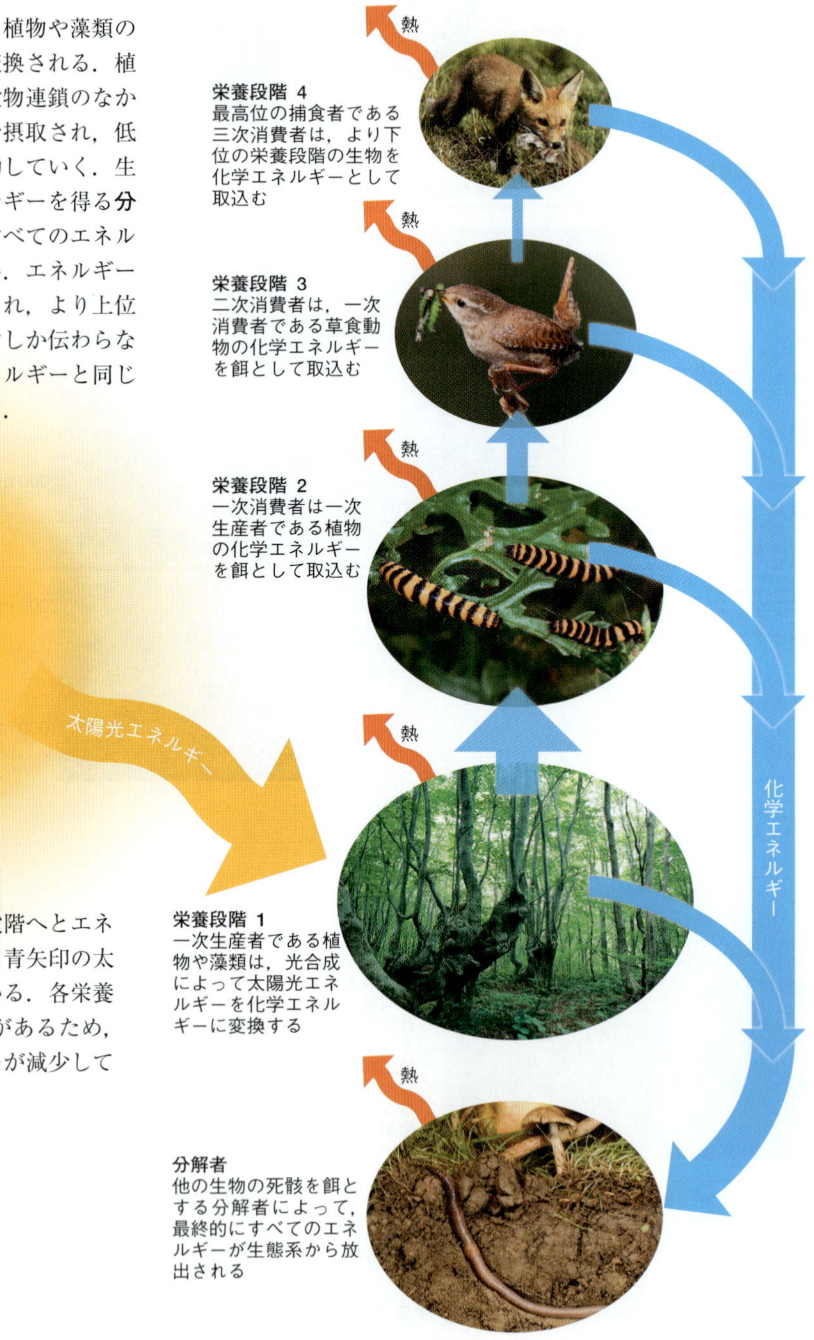

右図は，低い栄養段階から高い栄養段階へとエネルギーが移動する様子を示している．青矢印の太さは移動するエネルギー量を表している．各栄養段階で熱として失われるエネルギーがあるため，栄養段階が上がるにつれてエネルギーが減少していることがわかる．

栄養段階 4
最高位の捕食者である三次消費者は，より下位の栄養段階の生物を化学エネルギーとして取込む

栄養段階 3
二次消費者は，一次消費者である草食動物の化学エネルギーを餌として取込む

栄養段階 2
一次消費者は一次生産者である植物の化学エネルギーを餌として取込む

栄養段階 1
一次生産者である植物や藻類は，光合成によって太陽光エネルギーを化学エネルギーに変換する

分解者
他の生物の死骸を餌とする分解者によって，最終的にすべてのエネルギーが生態系から放出される

炭素循環

地球上の**炭素**はおもに二酸化炭素（CO_2）の形で大気中に含まれており，一部は化石燃料や土壌，石灰岩，海水中に存在する．光合成によって植物に取込まれた炭素は，食物連鎖を通して生態系を循環し，最終的には呼吸によって排出される．生態系に取込まれる二酸化炭素の量と，排出される二酸化炭素の量は地球全体ではほぼ等しいが，人類による化石燃料の利用によって，大気中の二酸化炭素量は増えつつある．

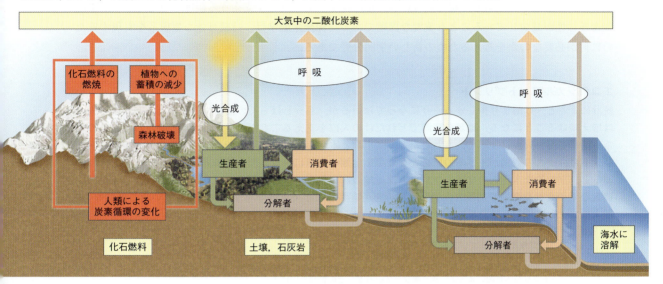

窒素循環

窒素は大気中に窒素分子（N_2）の形で大量に含まれている．ほとんどの生物は窒素分子を直接は利用できないが，土の中には窒素分子を取込んで硝酸塩（NO_3^-）やアンモニウム塩（NH_4^+）に変えることができる微生物が存在する．植物は硝酸塩やアンモニウム塩を取込んで，タンパク質や核酸の材料とする．車の排気ガスには二酸化窒素（NO_2）が含まれており，炭素同様，人類による化石燃料の利用によって，大気中の窒素量も影響を受けている．

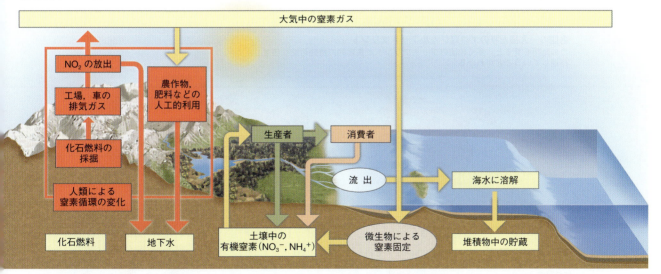

コアアイデア
- 光合成で化学エネルギーに変換された太陽光エネルギーは，食物連鎖を通して生態系を循環し，熱として放出される．
- 炭素や窒素といった化学成分は，大気や土壌，水といった非生物と生物の間を循環する．

12・9　環境問題

人類は誕生以来絶えず食物や鉱物などの資源を自然から取出す技術を進歩させてきた．その結果，世界の人口は増加の一途をたどり，人類は現在繁栄している．しかし，その繁栄は実は大きな代償を払って得られたものである．現在の人口は，地域によっては地球が支えうる限度を超えている．また生物多様性が減少していることも重要な課題である．**保全生態学**は，持続可能な生態系を実現するために何が必要なのかを考えるための新しい学問分野である．

エコロジカルフットプリント

統計によると，以前より少しゆっくりになってはいるが，もうしばらくの間は世界のほとんどの国で人口は増え続けることになる．地球の資源でどれだけの人口を支えることができるのだろうか．われわれの日常生活に必要な資源はすべて，もとをたどると土地と水から生まれたものである．エコロジカルフットプリントは，一人の人間が生きるのに必要な資源を土地の面積に換算した数値で表したものである．それによると，平均的な米国人のフットプリントは地球の許容量をはるかに超えている．米国のような先進国は莫大な量の食料や燃料を消費し，過剰にものを所有することで大きな赤字を生み続けていることになる．膨大なフットプリントで資源を浪費しているのはすべて裕福な国である．

エコロジカルフットプリントの平均値
エコロジカルフットプリントの単位であるグローバルヘクタールは，平均的な生産量の土地を基準にしたものである．一人の人間の生存に必要なフットプリントは国によって大きく異なっているが，その世界平均はすでに，持続可能な値を超えている

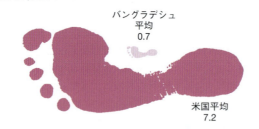

バングラデシュ平均
0.7

米国平均
7.2

世界平均
2.7

持続可能な
エコロジカルフットプリント
1.8

各国の一人当たりのエコロジカルフットプリント
この地図を見ると，多くの国のフットプリントが長期的に持続可能な値を超過していることがわかる

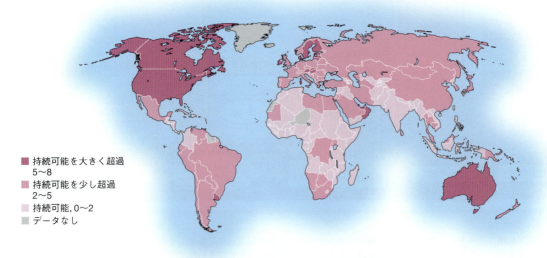

- 持続可能を大きく超過 5〜8
- 持続可能を少し超過 2〜5
- 持続可能，0〜2
- データなし

生物多様性の保護

比較的小さな地域に多くの固有種（その場所にしかいない種）や，絶滅危惧種が集中している場所を**生物多様性ホットスポット**とよぶ．ホットスポットの面積は地球の面積の1.5%以下でしかないが，そこには知られている植物と脊椎動物の30%以上の種が生息している．ホットスポットを特定して保護区とすれば，比較的低いコストで生物多様性を守ることが期待できる．日本もホットスポットの一つである．

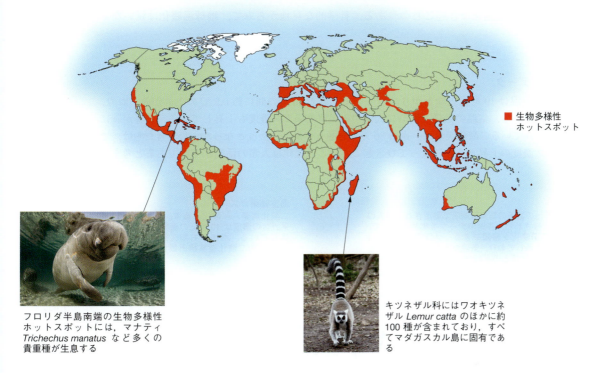

■ 生物多様性ホットスポット

フロリダ半島南端の生物多様性ホットスポットには，マナティ *Trichechus manatus* など多くの貴重種が生息する

キツネザル科にはワオキツネザル *Lemur catta* のほかに約100種が含まれており，すべてマダガスカル島に固有である

環境修復

復元生態学では，損なわれた生態系を回復するために生物を利用する**環境修復**が試みられている．汚染被害を受けた土地に有害物質を吸収しやすい植物を植えることで，汚染を除去することが可能である．

2011年に福島で起こった原子力発電所の事故の後にヒマワリが植えられた．ヒマワリは土壌から鉛のような重金属を取除いてくれる

持続可能な開発

生態学的試みによって野生生物と生態系を保全しようとする一方，野生生物を資源の対象にしないようにするという提案がある．地球資源を管理して利用しながら，自然の生態系も永続させることができれば，**持続可能な開発**が達成できるかもしれない．

生物燃料の研究のために栽培された若木の収穫．自然生態系に依存しない，持続可能な燃料資源の開発が目的である

コアアイデア
- 一人の人間が生きるのに要するエコロジカルフットプリントの平均値はすでに地球の許容量を超えている．
- 保全生態学や復元生態学はホットスポットを特定して保護することや，生態系を復元することで，持続可能な開発を可能にしようとしている．

12・10　地球温暖化

二酸化炭素（CO_2）やメタン（CH_4），一酸化二窒素（N_2O），水蒸気（H_2O）などの**温室効果ガス**は，熱を蓄積する大気中の化学物質である．温室効果ガスのおかげで地球は適度に暖かく，生物の存在が可能なのである．しかし現在，温室効果ガスは人類の活動によって急激に増加しており，地球規模の気候変動をひき起こしつつある．科学的な見地からみて，**地球温暖化**は疑いなく進行している．

気候変動を示すデータ

地球表面の平均気温は19世紀以降上がり続けていて，過去30年の間に約0.5℃の上昇がみられた．地球は温暖化している．気温の上昇と同時に大気中の温室効果ガス濃度も上昇している．影響が特に大きいと考えられている二酸化炭素は，過去80万年を通して最高の濃度となった．科学者たちは，この温室効果ガス濃度の上昇とそれによってひき起こされる温暖化は人類の活動が原因であると考えている．

気温
気温は世界各地の数千の気象観測所で測定され，過去の平均気温と比較される．各地のデータを集めることで，地球全体の気温変化を感知できる．グラフの青線は1年ごとの変化を示しており，気温が下がる年もあることがわかるが，10年ごとの平均値を示す赤線は気温が確実に上昇し続けていることを示している

温室効果ガス
二酸化炭素，一酸化二窒素，メタンの3種類の温室効果ガスの濃度は19世紀の産業革命を境にして急速に上昇している．増加率も増え続けており，2000年から2005年の二酸化炭素排出量は1990年代の4倍に達している

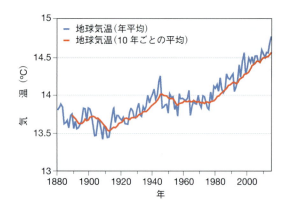
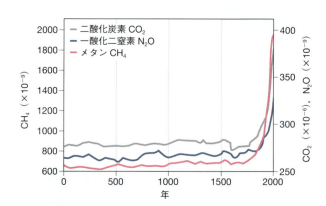

大気中の二酸化炭素

人類はさまざまな活動を通して大気中の二酸化炭素濃度の上昇に関与しているが，どれが決定的なのかはわかっていない．しかし，化石燃料を利用する火力発電と，石油に依存する輸送の影響が最も大きいことはまちがいない．

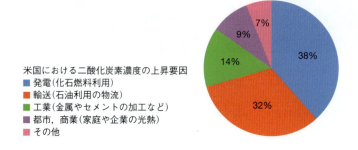

温室効果

地球温暖化はなぜ起こるのだろうか．地球に届く太陽光は地表を温め，その熱によって大気が温められる．大気中の温室効果ガスはその熱をたくわえ，再度地表を温める．これは温室の中で起こることと同じである．温室では差し込んだ太陽光が地面を温め，その熱が温室内の空気に伝わる．空気が温室の中に閉じ込められているので，温室は暖かくなる．温室効果がなければ，地球の表面は寒すぎて生命は存在できない．しかし，人為的に増加した温室効果ガスは徐々に気温の上昇をもたらし，やがては大規模な気候変動をひき起こすだろう．

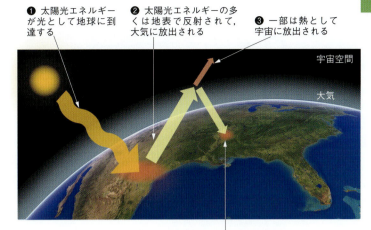

❶ 太陽光エネルギーが光として地球に到達する
❷ 太陽光エネルギーの多くは地表で反射されて，大気に放出される
❸ 一部は熱として宇宙に放出される
❹ 一部は大気中の温室効果ガスに吸収され，地表を温める

気候変動の影響

気候変動によって気温や降水のパターンが変化すると，生物の分布に重大な影響が及ぶ．現在すでに，高緯度地方の永久凍土が溶け始めていて，ツンドラが北へと移動しつつあるし，拡大しつつある砂漠もある．このような変化は食料生産や飲料水にも影響する．われわれ人類もまた，この気候変動に影響を受ける生物の一つであることを忘れてはならない．

生息環境の変化
気温上昇に伴って，多くの生物は高緯度または標高の高い場所に移動する．すでに何十種もの鳥やチョウが過去数十年の間にその生息地を北や高山に移動させたことがわかっている

極氷の減少
温暖化によって氷が溶けると，ホッキョクグマ *Ursus maritimus* の行動範囲が狭くなって餌がとれなくなる．南極でも海氷の減少によって，ペンギンが減少したといわれている

サンゴ礁の白化
海水の温暖化はサンゴが共生藻を失う原因となる．共生藻が失われるとサンゴが白くなる白化現象が起こる．そうなるとサンゴは死んでしまい，サンゴ礁の生態系全体が壊れてしまう

山火事
北米西部では，雪解けが早くなることで乾季が長くなり，そのために広範囲で規模の大きい山火事が発生しやすくなった

コアアイデア
- 大気中の温室効果ガスの増加は温暖化など，いろいろな変化の原因となる．生態系も生物も温暖化の影響をさまざまな形で受けるが，人類もその例外ではない．

掲載図出典

カバー
Angel Fitor/Science Photo Library.

1章
p.2 中央 NSP-RF/Alamy, 右上から反時計回りに Steve Gschmeissner/Science Photo Library, karovka/Shutterstock, Four Oaks/Shutterstock, Eric J. Simon, Cucumber Images/Shutterstock, Dorling Kindersley, Ltd.. p.3 中央 Anke van Wyk/Shutterstock, 左上から反時計回りに Planetary Visions Ltd./Science Source, Joseph Sohm/AGE Fotostock, Fernando Quevedo de Oliveira/Alamy, Villiers Steyn/Shutterstock, Anke van Wyk/Shutterstock, Biology Pics/Science Source, Ed Reschke/Peter Arnold/Getty Images. p.4 中央写真 M. Unal Ozmen/Shutterstock, 表左 Biophoto Associates/Science Source, 右 Steve Gschmeissner/Science Photo Library. p.5 上段左 AfricaStudio/Shutterstock, 右 M. Unal Ozmen/Shutterstock, 中央 exopixel/Fotolia. p.6 上から Dorling Kindersley, Ltd., Martin Dohrn/Royal College of Surgeons/Science Photo Library, Eric J. Simon. p.7 上から CHUCK KENNEDY/KRT/Newscom, Laguna Design/Science Photo Library, NSP-RF/Alamy.

2章
p.8 写真 左から Tim Ridley/Dorling Kindersley, Ltd., Charles D. Winters/Science Source, Jiri Hera/Shutterstock. p.9 カルシウム Charles D. Winters/Science Source, 炭素 Gary Ombler/Dorling Kindersley, Ltd., 水銀 MarcelClemens/Shutterstock, ネオン Terence Mendoza/Fotolia. p.10 窒素原子 Dorling Kindersley, Ltd.. p.11 窒素-15原子 Dorling Kindersley, Ltd.. 窒素イオン Dorling Kindersley, Ltd.. p.12 写真左から FoodCollection/AGE Fotostock, Blickwinkel/Alamy, Fanfo/Fotolia. p.14 写真 Aaron Amat/Fotolia. p.15 写真 Syda Productions/Shutterstock. p.16 フルクトース Jules Selmes/Dorling Kindersley, Ltd., ラクトース左 Neiromobile/Shutterstock, 右 Dorling Kindersley, Ltd., マルトース FADEDInk.net/Shutterstock, スクロース Danny Smythe/Shutterstock. p.17 写真 上から Denis and Yulia Pogostins/Shutterstock, Mark Goldman/Shutterstock, mylife photos/AGE Fotostock, orionmystery/Fotolia. p.18 写真上から George Mattei/Science Source, Roger Dixon/Dorling Kindersley, Ltd., Binh Thanh Bui/ Shutterstock, David Murray/Dorling Kindersley, Ltd.. p.19 写真 ARCO/H Brehm/AGE Fotostock. p.21 写真 上から Wavebreak/AGE Fotostock, Science Source. p.22 写真 左から Tongro Image Stock/AGE Fotostock, Brenda Carson/Shutterstock.

3章
p.24 表 写真 左から Michael Abbey/Science Source, Power and Syred/Science Photo Library, Claudio Divizia/Fotolia, Dr. Torsten Wittmann/Science Photo Library. p.28 写真 左から Biophoto Associates/Science Source, Scott Camazine/Alamy. p.29 上から CNRI/Science Photo Library, Scott Camazine/Alamy. p.33 液胞 左から Dr. Jeremy Burgess/Science Photo Library, M. I. Walker/Science Source, 繊毛 Steve Gschmeissner/Science Photo Library, 鞭毛 John Walsh/Science Photo Library, 葉の断面 Alice J. Belling/Science Source, セルロース Biophoto Associates/Science Source, 細胞骨格 Dr. Torsten Wittmann/Science Photo Library, 細胞外基質 Ioanis Xynos/Science Source.

4章
p.34 写真 左から Michael Abbey/Science Source, guliveris/Fotolia, Alexander Potapov/Fotolia, yvdavid/Fotolia. p.35 写真 左から John Lindsay-Smith/Shutterstock, Andy Crawford/Dorling Kindersley, Ltd., Zamfir Cristian/123RF, Simon Baylis/Shutterstock, Biology Pics/Science Source. p.36 右上から時計回り Galushko Sergey/Shutterstock, Laguna Design/Science Source, Wolfgang Hoffmann/Design Pics Inc./Alamy, Eye of Science/Science Photo Library. p.39 上写真 SJ Travel Photo and Video/Shutterstock, 下写真 左から Melinda Fawver/Shutterstock, Chris Kolaczan/Shutterstock. p.40 写真 Nitr/Shutterstock. p.42 中段 写真 左から Steve Gschmeissner/Science Photo Library, Wang Tom/123RF, 下段 写真左 Scimat/Science Photo Library, オリーブ Karina Bakalyan/Shutterstock, ピクルス Malyshev Maksim/Shutterstock, ヨーグルト Dave King/Dorling Kindersley, Ltd.. p.43 上段 写真左 Steve Gschmeissner/Science Source, ビール Jules Selmes/Debi Treloar/Dorling Kindersley,Ltd., パン Anna Sedneva/Shutterstock.

5章
p.44 中段 写真左から catalin205/123RF, Keisuke Kai/123RF, 下段写真左から Biophoto Associates/Science Source, Michael P. Gadomski/Science Source, D. P. Wilson/Frank Lane Picture Agency. p.45 上段 写真 左から vgstudio/123RF, Michael Abbey/Science Source, James Cavallini/Science Source, 下段 左から Michael Abbey/Science Source, Biophoto Associates/Science Source, Don. W. Fawcett/Science Source, Michael Abbey/Science Source, James Cavallini/Science Source. p.46 写真 上から Lorenzo Vecchia/Dorling Kindersley, Ltd., Warren Rosenberg/Fundamental Photographs. p.47 上から James Cavallini/Science Source, Michael Abbey/Science Source. p.48 写真 Pr. G. Gimenez-Martin/Science Photo Library. p.49 写真 上から Dr. Gopal Murti/Science Photo Library, Kent Wood/Science Source. p.50 上段 写真左から catalin205/123RF, Keisuke Kai/123RF, 下段 写真 核型 Biophoto Associates/Science Source, 染色体 Biophoto Associates/Science Source. p.52 写真左から catalin205/123RF, Keisuke Kai/123RF. p.53 精子 Michael Abbey/Science Source, 卵 Pascal Goetgheluck/Science Photo Library, 接合子 David M. Phillips/Science Source. p.54 上段 写真 TopFoto/The Image Works, 中段 写真左から Mike P. Shepherd/Alamy, Nature Alan King/Alamy, 下段 写真上から rido/123RF, Eric Isselée/Shutterstock, Mike P. Shepherd/Alamy. p.55 黒毛の母犬 Eric Isselée/Shutterstock, 茶毛の父犬 Erik Lam/Shutterstock, 黒毛の子犬 Utekhina Anna/Shutterstock, 茶毛の子犬 Eric Isselée/Shutterstock. p.56 写真 上から AMC Photography/Shutterstock, Eric Isselée/Shutterstock, Utekhina Anna/Shutterstock. p.57 上から imagerymajestic/Fotolia, Andriy Popov/123RF. p.58 中段 左から Stefanie peopleperson/123RF, Ann Marie Kurtz/Getty Image, 下段 上から Alexander Skvortsov/123RF, Pavel Losevsky/123RF. p.59 上段 Nikolai Grigoriev/123RF, 中段 左から Ratko Matovic/123RF, Andriy Popov/123RF, 下段 左から Didem Hizar/123RF, Didem Hizar/123RF. p.60 上段 左上から反時計回りに Wong Yu Liang/123RF, Michael Abbey/Science Source,

Steve Gschmeissner/Science Photo Library, ariwasabi/123RF, Biophoto Associates/Science Source. p.61 上段 左から Tamara Kulikova/Shutterstock, Vilor/Shutterstock, Radius Images/Glow Images, 中段 左から Pavel Losevsky/123RF, Gabriele Rukavina/123RF, 下段 上から Sebastian Kaulitzki/Alamy, Ljupco Smokovski/Shutterstock.

6 章

p.62 写真 左から Ariwasabi/Shutterstock, Biophoto Associates/Science Source, James Cavallini/Science Source. p.68 写真 左から MedImage/Science Photo Library, Petit Format/Science Source, Stem Jems/Science Source. p.69 写真 左から Dr. Yorgos Nikas/Science Photo Library, Heidi Brand/Shutterstock. p.70 上段 右 Scott Camazine/Science Source, 中段 左 左から djgis/Shutterstock, Vereshchagin Dmitry/Shutterstock, Stillfx/Shutterstock, 中段 右 左上から時計回りに Africa Studio/Shutterstock, Aprilphoto/Shutterstock, aaltair/Shutterstock, Roman Sigaev/Fotolia. p.72 写真 左から Dorling Kindersley, Ltd., Masa Ushioda/AGE Fotostock, Eye of Science/Science Photo Library. p.73 上段 写真 左から Kaarsten/Shutterstock, Shutterstock, Southern Illinois University/Science Source, 下段 右 Leonard Lessin/Science Source. p.74 中段 左から Vasiliy Koval/Shutterstock, Tek Image/Science Photo, 下段 左から Joerg Beuge/Shutterstock, Yuttasak Jannarong/Shutterstock, George Burba/Shutterstock. p.75 左上から時計回りに Sven Hoppe/Shutterstock, Cardoso/BSIP/Alamy, Dorling Kindersley, Ltd., Inga Spence/Alamy, Thiriet/Andia/Alamy, ktsdesign/Shutterstock. p.76 右図 Laguna Design/Science Photo Library. p.77 左上から時計回り Science Photo/Shutterstock, Korionov/Shutterstock, James Cavallini/Science Source, Philippe Psaila/Science Photo Library. p.78 左上から時計回りに Wong SzeFei/Fotolia, Kent Wood/Science Source, Shutterstock, Leonard Lessin/Science Source. p.79 下段 左から Leonard Lessin/Science Source, Patrick Landmann/Science Photo Library, Yuri Arcurs/Shutterstock.

7 章

p.80 左上から時計回りに Pawel Wojcik/Dorling Kindersley, Ltd., Science Source, Science Source, Ken M. Johns/Science Source, Paul D. Stewart/Science Source, North Wind Picture Archives/Alamy. p.81 左上から時計回りに Science Source, Science Photo Library, Dorling Kindersley, Ltd., Science Source, Natural History Museum, London/Science Photo Library, Science Source, Ashley Toone/Alamy, Heather Angel/Natural Visions/Alamy. p.82 左上から時計回りに Adam Jones/Science Source, Eric J. Simon, Eric J. Simon, Biophoto Associates/Science Source, Eric J. Simon, Swanepoel/Shutterstock, Charles V. Angelo/Science Source. p.83 中段 写真 左から AGE Fotostock, Eric Isselée/Shutterstock, Dave King/Dorling Kindersley, Ltd., Dave King/Dorling Kindersley, Ltd.. p.84 上段 写真上から Dorling Kindersley, Ltd., Dorling Kindersley, Ltd., 下段 写真 左から Juan Carlos Muñoz/AGE Fotostock, Novosti/Science Source, Francois Gohier/Science Source, Francois Gohier/Science Source. p.85 地球図 左から Christian Darkin/Science Photo Library, Christian Darkin/Science Photo Library, Planetary Visions Ltd./Science Source, 上段 右写真 上から Dorling Kindersley, Ltd., Frank Greenaway/Dorling Kindersley, Ltd., Rick & Nora Bowers/Alamy, 中段 図 左から Dave King/Dorling Kindersley, Ltd., Philip Dowell/Dorling Kindersley, Ltd., Dorling Kindersley,Ltd.. p.86 背景写真 Josh McCulloch/All Canada Photos/SuperStock, リス 上から Eric Isselée/Shutterstock, Dorling Kindersley, Ltd., 魚類 Dorling Kindersley, Ltd.. p.87 右上写真 Leonardo Viti/Shutterstock, 下段 ウサギ Geoff Dann/Dorling Kindersley, Ltd.. p.88 右下図 上から Winfried Wisniewski/North Wind Picture Archives, AfriPics.com/Alamy. p.89 中段 図 Gary Ombler/DK Images, 下段 左図 Dorling Kindersley, Ltd.. p.90 中段 写真 左から Dorling Kindersley, Ltd., Dorling Kindersley, Ltd., Juniors Bildarchiv/AGE Fotostock, 下段 写真 左から Ashley Cooper/AGE Fotostock, Dennis Flaherty/Getty Images, Blickwinkel/AGE Fotostock, Dorling Kindersley, Ltd., Dorling Kindersley, Ltd.. p.91 上段 図 左から Dorling Kindersley, Ltd., Dorling Kindersley, Ltd., Dorling Kindersley, Ltd., Dorling Kindersley, Ltd., Dorling Kindersley, Ltd., 中段 右図 Natural History Museum/The Image Works, 下段 左写真 Fotosearch/AGE Fotostock, 左シルエット Charlie Ott/Science Source, 右写真 Erik Isakson/AGE Fotostock, 右シルエット Tim Zurowski/All Canada Photos/SuperStock. p.92 右上図 Dorling Kindersley, Ltd., 下段 左から R. Koenig/AGE Fotostock, Stuart Westmorland/AGE Fotostock, Michael Abbey/Science Source, Colin Keates/Dorling Kindersley, Ltd., Dorling Kindersley, Ltd.. p.93 下図 左から Richard Bizley/Science Photo Library, Dorling Kindersley, Ltd., Martin Shields/Science Source, Barbara Strnadova/Science Source, Anup Shah/Nature Picture Library.

8 章

p.96 右下写真 Christophe Sidamon-Pesson & David Allemand/Science Source. p.97 上図 Chris Butler/Science Photo Library, 下写真 David McCarthy/Science Source. p.98 中段 写真 左から A. Dowsett, Public Health England/Science Photo Library, Scott Camazine/Science Source, 左下写真 Dr. Kari Lounatmaa/Science Photo Library, 右下写真 上から Eye of Science/Science Photo Library, Kwangshin Kim/Science Source, Juergen Berger/Science Photo Library. p.99 上段 写真 左から Dr. M. Rohde/GBF/Science Photo Library, Jim West/ImageBroker/AGE Fotostock, NASA, NHPA/SuperStock, 中段 写真 左から Eye of Science/Science Photo Library, D. U. Boisberranger Jean/AGE Fotostock, 下段 写真 Michael Just/AGE Fotostock. p.100 上段 左写真 上から Wade H. Massie/Shutterstock, A. Ramey/PhotoEdit, 右写真 左から AgStock Images/Corbis, Steve Gschmeissner/Science Photo Library, 下段 写真 左から Alfred Pasieka/Science Photo Library, Dr. Gary Gaugler/Science Source, BSIP/Science Photo Library. p.101 中段 右写真 Eye of Science/Science Photo Library. p.102 左写真 Steve Gschmeissner/Science Photo Library. p.103 下段 写真 左から M. I. Walker/Science Source, Gerd Guenther/Science Photo Library, Larry West/Frank Lane Picture Agency, Scenics & Science/Alamy. p.104 下写真 Manfred Kage/Science Photo Library. p.105 右上図 Chris Butler/Science Photo Library. p.107 右写真 Eye of Science/Science Photo Library.

9 章

p.108 中段 写真 Michael P. Gadomski/Science Source, 下段 左上から時計回りに Howard Shooter/Dorling Kindersley, Ltd., Microfield Scientific Ltd./Science Photo Library, John Durham/Science Photo Library, Cordelia Molloy/Science Photo Library, Eye of Science/Science Photo Library, Jane Shemilt/Science Photo Library. p.109 上段左 左上から Ted Kinsman/Science Source, Blickwinkel/Alamy, 右写真 左から Eye of Science/Science Photo Library, Yon Marsh/Alamy. p.110 下段 左から Steve Shott/Dorling Kindersley, Ltd., Dr. Jeremy Burgess/Science Photo Library. p.111 左から Martin Oeggerli/Science Photo Library, Tom Viggars/Alamy. p.112 左から Michael Abbey/Science Source, Hector Ruiz Villar/Shutterstock, Daniel Vega/AGE Fotostock, FloralImages/Alamy, Anna Omiotek-Tott/AGE Fotostock. p.113 上段 Stefan Huwiler/Robert Harding World Imagery, 下段 左から Petr Jilek/Shutterstock, Thorsten Rust/Shutterstock, Andrew Lawson/Dorling Kindersley, Ltd., Dominic Whiting, Terry Richardson/Dorling Kindersley, Ltd.. p.114 Tony Wharton/Frank Lane Picture Agency. p.115 左から Nigel Cattlin/Frank Lane Picture Agency, Larry West/Frank Lane Picture Agency, Daniel Vega/AGE Fotostock. p.116 左から時計回りに Philippe Clement/Nature Picture Library, Roger Smith/Dorling Kindersley, Ltd., Biophoto Associates/Science Source. p.117 上段 左から Adrian T. Sumner/Science Photo Library, Walter Myers/Science Photo Library, Gerrit Vyn/Nature Picture Library. p.118 左上から時計回りに Bronwyn Photo/Shutterstock, John Kaprielian/Science Source, Anne Hyde/Getty Images, DK Arts/Shutterstock, Marie C. Fields/Shutterstock. p.119 上段 左から eyetronic/Fotolia, S. Sailer/AGE Fotostock, Alan and Linda Detrick/Science Source, Newscom. p.120 Dorling Kindersley, Ltd.. p.121 上段 左から Martin Page/Dorling Kindersley, Ltd., Peter Anderson/Dorling Kindersley, Ltd., Tim Draper/Dorling Kindersley, Ltd., Vibrant Image Studio/Shutterstock, 中段 写真 左から Peter Anderson/Dorling Kindersley, Ltd., Nigel Cattlin/Science Source, Matthew Ward/Dorling Kindersley, Ltd..

10 章
p.122 中央写真から時計回りに Paul Sawer/Frank Lane Picture Agency, Riccardo Cassiani-Ingoni/Science Photo Library, Biophoto Associates/Science Source, Pascal Goetgheluck/Science Photo Library. p.123 右上図 Tom McHugh/Science Source. p.124 上段 写真 Andrew J. Martinez/Science Source, 下段 左から Image Quest Marine, Image Quest Marine, Neil G. McDaniel/Science Source. p.125 上段 写真左から Paulo de Oliveira/AGE Fotostock, Steve Gschmeissner/Science Photo Library, ScubaPonnie/Shutterstock, Eric Grave/Science Source, 中段 写真 mashe/Shutterstock, 下段 写真 左から Biophoto Associates/Science Source, Martin Shields/Science Source. p.126 中段 写真左から Andrew J. Martinez/Science Source, Clouds Hill Imaging Ltd./Science Photo Library, 下段 写真左上から時計回りに Eric J. Simon, Andrew J. Martinez/Science Source, Reinhard Dirscherl/Alamy, Marevision/AGE Fotostock, blickwinkel/Alamy, Johan Swanepoel/Shutterstock. p.127 上段 右写真 Dave King/Dorling Kindersley, Ltd., 中段 左から時計回りに Dave King/Dorling Kindersley, Ltd., PanStock/Shutterstock, kamnuan/Shutterstock, Frank Greenaway/Dorling Kindersley, Ltd., 下段 左から StevenRussellSmithPhotos/Shutterstock, Frank Greenaway/Dorling Kindersley, Ltd.. p.128 上段 写真 中央上図から時計回りに Science Photo Library/Alamy, Blickwinkel/Alamy, Andrew J. Martinez/Science Source, Andrew J. Martinez/Science Source, ESP-Photo/AGE Fotostock, 下段 写真 Dorling Kindersley, Ltd.. p.129 写真 左から Judith Harrington/Dorling Kindersley, Ltd., fivespots/Fotolia. p.130 上段 写真 左から Mark Conlin/Alamy, ANP PHOTO/AGE Fotostock, blickwinkel/Alamy, 中段 写真 Ian Coleman/Nature Picture Library, 下段 写真 Neil Fletcher/Dorling Kindersley, Ltd.. p.131 右上写真 Eric Isselée/Fotolia, 上段 写真 右から Francoise Sauze/Science Photo Library, Dr. Keith Wheeler/Science Photo Library, Aleksey Stemmer/Shutterstock, 中段 図 左から Brian J. Skerry/Getty Images, Moelyn Photos/Getty Images, 下段 写真 左から Will Burrard-Lucas/Nature Picture Library, Mike Wilkes/Nature Picture Library, Cyril Laubscher/Dorling Kindersley, Ltd.. p.132 中段 写真 左から Gordon Clayton/Dorling Kindersley, Ltd., Clearviewstock/Shutterstock, 下段 左から Rolf Nussbaumer/Nature Picture Library, John Cancalosi/Alamy, Steve Gorton/Dorling Kindersley, Ltd., Jeff Rotman/Science Source. p.133 中段 写真 左から Edwin Giesbers/Nature Picture Library, Ian Butler/Alamy, Jabruson/Nature Picture Library, G. Ronald Austing/Science Source, apiguide/Shutterstock, Matteo Piasenzotto/AGE Fotostock, Kjersti Jorgensen/AGE Fotostock, Gerard Lacz/AGE Fotostock, Holger Ehlers Naturephoto/Alamy, Mat Hayward/Shutterstock, 下段 上から John Reader/Science Photo Library, Harry Taylor/Dorling Kindersley, Ltd., Prisma/Newscom, Tom McHugh/Field Museum Chicago/Science Source, Javier Trueba/Science Photo Library.

11 章
p.134 写真左から Ed Reschke/Getty Images, Asiaselects/Getty Images. p.135 写真 左上から反時計回りに Power and Syred/Science Photo Library, Scimat/Science Source, Steve Gschmeissner/Science Photo Library, Eric Grave/Science Source, Steve Gschmeissner/Science Photo Library, Eric V. Grave/Science Source, Science Photo Library, Astrid & Hanns-Frieder Michler/Science Photo Library, Astrid & Hanns-Frieder Michler/Science Photo Library. p.136 Aaron Amat/Fotolia. p.137 微絨毛 Ami Images/Science Photo Library. p.138 David Madison/Getty Images. p.140 R. Gino Santa Maria/Shutterstock. p.141 図上から Dorling Kindersley, Ltd., Zephyr/Science Photo Library. p.142 写真上から Scimat/Science Source, Eye of Science/Science Photo Library, Steve Gschmeissner/Science Photo Library. p.143 写真 Susumu Nishinaga/Science Photo Library. p.144 写真 Kaarsten/Shutterstock. p.145 中段 写真 左から Thomas Deerinck/NCMIR/Science Photo Library, Zephyr/Science Photo Library, 下段 写真 Newscom. p.147 写真 Laura Knox/Dorling Kindersley, Ltd.. p.148 写真 上から Anton Gvozdikov/Shutterstock, Picsfive/Shutterstock. p.150 図 上から Dorling Kindersley, Ltd., Dorling Kindersley, Ltd.. p.154 写真 Nicholas Piccillo/Shutterstock. p.155 図 Dorling Kindersley, Ltd.. p.156 写真 Nicholas Piccillo/Shutterstock. p.157 右上図 Dorling Kindersley, Ltd.. p.158 図 左から Dorling Kindersley, Ltd., Dorling Kindersley, Ltd.. p.159 下図 Dorling Kindersley, Ltd..

12 章
p.160 上段 写真 左から dugdax/Shutterstock, Mark Conlin/V&W/Image Quest Marine, Newscom, 下段 写真 左から US Department of Agriculture/Science Photo Library/Alamy, Glow Images, Ashley Cooper/Robert Harding World Imagery. p.161 上段 写真 左から John Devries/Science Source, Bill Gozansky/Alamy, 中段 写真 左から Christian Handl/imageBROKER/AGE Fotostock, David R. Frazier Photolibrary, Inc./Alamy, 下段 写真 左から Alexander Raths/Shutterstock, Corbis/AGE Fotostock. p.162 上段 写真 左から Getty Images, WILDLIFE GmbH/Alamy, 下段 写真 左から Pat&Chuck Blackley/Alamy, Universal Images Group/AGE Fotostock. p.163 上段 写真 左から Masa Ushioda/Image Quest Marine, Sergey Lavrentev/Shutterstock, Dr. Jeremy Burgess/Science Photo Library, 下段 写真 左上から時計回りに Federico Veronesi/Gallo Images/AGE Fotostock, Mark Newman/Frank Lane Picture Agency, Ed Buziak/Alamy, Peter Parks/Image Quest Marine/Alamy. p.164 右上図から時計回りに Stephen Mcsweeny/Shutterstock, Gerard Lacz Images/SuperStock, Thomas Kitchin&Victoria Hurst/Design Pics Inc./Alamy, Kevin Schafer/Alamy, Peter Parks/Image Quest Marine, Image Quest Marine, Derek Croucher/Alamy, Hans

Lang/Image broker/AGE Fotostock, Eric Baccega/Nature Picture Library, Glow Images. p.165 上段 写真 四次消費者 Fotolia, 三次消費者 左から Rick & Nora Bowers/Alamy, Cyril Laubscher/Dorling Kindersley, Ltd., Sean Hunter/Dorling Kindersley, Ltd., Jerry Young/Dorling Kindersley, Ltd., 二次消費者 左から Glow Images, Wild Art/Shutterstock, Steve Byland/Shutterstock, Frank Greenaway/Dorling Kindersley, Ltd., Jane Burton/Dorling Kindersley, Ltd., 一次消費者 左から Siddhardha Garige/Alamy, Fotolia, Dorling Kindersley, Ltd., Valeriy Kirsanov/Fotolia, Imagebroker/Frank Lane Picture Agency, Sean Hunter/Dorling Kindersley, Ltd., 生産者 Kim Taylor and Jane Burton/Dorling Kindersley, Ltd., 下段 図 上から Dorling Kindersley, Ltd., Dorling Kindersley, Ltd.. p.166 上段 図 カエデ Dorling Kindersley, Ltd., カラマツ Dorling Kindersley, Ltd., ツガ Dorling Kindersley, Ltd., ハコヤナギ Dorling Kindersley, Ltd., 下段 写真 左から Michael S. Nolan/AGE Fotostock, M. Timothy O'Keefe/Alamy.

p.167 上段 写真 左から Nigel Cattlin/Alamy, Scott Camazine/Science Source, 中段 写真 左から Melvin J. Yapp, Steven Lee Montgomery/Photo Resource Hawaii/Alamy, Wayne Lynch/ AGE Fotostock, John Cancalosi/Getty Images, David Hosking/Alamy. p.168 上段 図 上から Nigel Cattlin/Alamy, Science Source, Franco Banfi/WaterF/AGE Fotostock, 下段 写真 左から Gunnar Rathbun/Shutterstock, Chanus/Shutterstock. p.169 上から Jacques Jangoux/Alamy, Onne van der Wal/Bluegreen Pictures/Alamy, John Mitchell/Science Source, Science Source, Georgette Douwma/Science Photo Library. p.170 写真 右上から反時計回りに Blickwinkel/AGE Fotostock, Vincent Munier/Wild Wonders of Europe/Nature Picture Library, Jim Parkin/Shutterstock, blickwinkel/Alamy. p.171 写真 左上から時計回りに Verna Johnston/Science Source, Igor Shpilenok/Nature Picture Library, Helge Schulz/AGE Fotostock, David Wall/Alamy, Elliott Neep/Frank Lane Picture Agency. p.172 左写真 上から Wild Wonders of Europe/Nature Picture Library, Chris Schmid/Nature Picture Library, David Woodfall/Nature Picture Library, 右写真 上から Keith Douglas/AGE Fotostock, Kevin Allen/Alamy, Nick Upton/Nature Picture Library. p.173 写真 上から Image Quest Marine, Mark Conlin/V&W/Image Quest Marine, Helmut Corneli/Alamy, Courtesy V. Tunnicliffe, University of Victoria. p.174 写真 上から Gerard Lacz/Frank Lane Picture Agency, Oliver Smart/Alamy, Premaphotos/Alamy, Glow Images, Derek Middleton/Frank Lane Picture Agency. p.177 上段 写真 左から Jeff Mondragon/Alamy, Michael Mantke/123RF, 下段 写真 左から Kyodo/ AP Images, Christophe Vander Eecken/Reporters/Science Photo Library. p.179 上段図 Planetary Visions Ltd./Science Source, 下段 写真 左上から時計回りに Luiz Claudio Marigo/Nature Picture Library, Jan Martin Will/Shutterstock, David R. Frazier Photolibrary, Inc./Science Source, Georgette Douwma/Science Photo Library.

索　　引

あ 行

アーキア　98
アーキアドメイン　93, 98
悪玉コレステロール　19
アクチン　159
亜原子粒子　10
アデニン　62
アデノシン三リン酸 → ATP
アデノシン二リン酸 → ADP
アナボリックステロイド　19
アミノ基　13, 20
アミノ酸　20
アリストテレス　80
rRNA → リボソーム RNA
RNA（リボ核酸）　28, 64
RNA スプライシング　66
RNA ポリメラーゼ　66
アルコール発酵　43
アレルギー　145
アンチコドン　65

胃　136
イオン結合　11
イオンポンプ　26
維管束　110, 112, 116
維管束組織　110, 111
異所的種分化　91
胃水管腔　124, 125
異性体　16
一遺伝子雑種交雑　55
一次生産者　174
一重盲検　5
一倍体　50
遺伝　54
　　ヒトの——　58
遺伝暗号　65
遺伝学　54
遺伝子　44, 54
遺伝子型　54
遺伝子組換え　74
遺伝子組換え生物　74
遺伝子クローニング　72
遺伝子工学　72
遺伝子数　79
遺伝子治療　72, 73
遺伝子発現　68
遺伝子プール　87
遺伝的組換え　56
遺伝的交雑　55
遺伝的多様性　52, 168
遺伝的浮動　88

遺伝の法則　54, 56
陰性対照群　5
咽　頭　136, 138
イントロン　66, 68
陰　嚢　150

ウイルス　101, 106
ウォレス（Wallace, Alfred Russel）
　　　　　81
浮　袋　130
ウラシル　64

A → アデニン
エイズ（AIDS）　106, 145
栄　養　160
栄養構造　164
栄養段階　164, 174
エキソサイトーシス　27
エキソン　66, 68
液　胞　33
エコロジカルフットプリント　176
STR（短鎖縦列反復配列）　78
エストラジオール　19
エストロゲン　19
エタノール　43
枝分かれ進化　89
X 染色体　60
HIV → ヒト免疫不全ウイルス
HDL → 善玉コレステロール
ATP（アデノシン三リン酸）　13,
　　　　　32, 35～38, 41, 42
　　——とエネルギー循環　41
ADP（アデノシン二リン酸）　41
NAD（ニコチンアミドアデニン
　　　　　ジヌクレオチド）　40
NADP（ニコチンアミドアデニン
　　　　　ジヌクレオチドリン酸）
　　　　　37
NADPH（還元型ニコチンアミド
　　　　　アデニンジヌクレオチド
　　　　　リン酸）　37
エネルギー　34, 160
　　——の流れ　174
エネルギー循環
　　——と ATP　41
FAD（フラビンアデニンジヌクレ
　　　　　オチド）　40
miRNA → マイクロ RNA
mRNA → メッセンジャー RNA
LDL → 悪玉コレステロール
塩　基　62
塩基対　62
塩基対数　79
炎症反応　144
エンドサイトーシス　27

横隔膜　138
黄　体　151
横紋筋　159
おしべ　120
オタマジャクシ　131
温室効果　179
温室効果ガス　178
温帯草原　170
温暖化 → 地球温暖化
温　度　161
温度調節　12

か 行

外骨格　127
外骨格系　158
開始コドン　65
海水バイオーム　173
外的防御　144
解　糖　40
外套膜　126
海綿動物　124
外　洋　173
外来種 → 帰化種
化　学　8
化学結合　10, 11
科学的方法　4
化学反応　8
核　25, 28
核　型　50
核孔 → 核膜孔
核　酸　13, 62
獲得性免疫不全症候群 → エイズ
核分裂　47, 48
がく片　120
核　膜　25, 29
核膜孔　29
核様体　24
河　口　172
化合物　8
花　糸　120
花　柱　120
過剰採取　169
下垂体　147
加水分解反応　14
ガス交換　138, 139
風　160
化石記録　84
化石燃料　175
仮　説　4
花　柱　120
活性化エネルギー　22
活性部位（酵素の）　22

活動電位　156
滑面小胞体　30
カ　ビ　108
カブトガニ類　127
花　粉　110, 118, 120
花粉管　120
花　弁　120
カメ類　131
ガラパゴス諸島　81
夏緑樹林　171
カルビン回路　36, 38, 39
カルボキシ基　20
が　ん　70
がん遺伝子　71
感覚受容器　154, 155
間　期　46
環境汚染　169
環境修復　177
環境問題　176
桿　菌　98
環形動物　125
がん原遺伝子　71
環状 DNA　100
肝　臓　136
管　足　128
冠動脈　141
官能基　13
カンブリア大爆発　91, 123
がん抑制遺伝子　71

記憶細胞　145
気　温　178
機械的隔離　90
帰化種　166, 169
器　官　134
気　管　138
器官系　134
気管支　138
気　孔　36, 111
気候変動　169, 178
基　質　22
基質特異性　22
キーストーン種　166
寄　生　163
キチン　17
機　能　6
キノコ　109
基本組織　110, 111
偽　薬　5
キャプシド　106
球　果　118
嗅　覚　155
球　菌　98
吸　収　137
吸収上皮（小腸の）　137

競合阻害剤　23
共　生　163
莢　膜　24
共有結合　11
恐竜類　131
極限生物 → アーキア
極性結合　11
棘皮動物　128
極　氷　170
魚　類　130
菌　界　93
筋原繊維　159
菌　根　110
菌根菌　110
菌糸体　109
筋収縮　159
筋節 → サルコメア
筋繊維　135, 159
筋組織　135
筋　肉　159
筋肉系　158, 159
菌　類　93, 102, 108
　――の生殖　109

グアニン　62
クエン酸回路　40
茎　110
口　136
クチクラ　110, 114
組換え染色体　57
クモ類　127
グラナ　36
グリコーゲン　17
グリセルアルデヒド 3-リン酸　39
グルコース　16, 37, 39, 40
クレード　95
クレブス回路 → クエン酸回路
グローバルヘクタール　176
クロマチン　29, 45
クロロフィル　36
群　集　164, 166
群集生態学　162
群体 → コロニー

蛍光タンパク質遺伝子　72
形　質　54
形質転換　101
形質導入　101
系　図　59
形　態　6
系統学　94
系統樹　94
　動物の――　123
血　液　135, 140, 142
　――の成分　142
血液型　143
血液型遺伝子　61
血液凝固　143
血　管　141
血　球　142
月　経　151
結合組織　135
血　漿　142
血小板　142
血糖値　146

ゲノミクス　79
ゲノム　79
ゲノム計画　79
ゲノム DNA　28
原核細胞　24
　――の構造　24
原核生物　24, 98
原核生物ドメイン　93
嫌気呼吸　42
原形質連絡　25
原　子　8, 10
原子核　10
原子番号　9
原子量　9
減数分裂　50～52, 150
顕性 → 優性
原生生物　93, 102, 103
元　素　8
原腸胚　152

好塩菌　99
甲殻類　127
好気呼吸　42
口腔 → 口
抗　原　145
光合成　32, 34, 36, 38
硬骨魚類　130
高山ツンドラ → ツンドラ
高次神経機能　156
恒常性
　体内環境の――　146
甲状腺　147
酵　素　22
酵素阻害剤　23
抗　体　145
喉　頭　138
喉頭蓋　138
行動的隔離　90
好熱菌　99
高分子　14
孔辺細胞　111
酵　母　43, 108
肛　門　136
硬葉樹林　171
呼吸系　138
コケ植物　112, 114
　――の生殖　115
古細菌 → アーキア
古生代　92
個体群　86
骨格筋　135, 159
骨格系　158
骨髄細胞　73
骨組織　135
コドン　65
ゴルジ体　25, 31
コレステロール　19
コロニー　104
昆虫類　127

さ　行

鰓　蓋　130

細気管支　138
細　菌　24, 98, 100
細菌ドメイン　93, 98
細静脈　140
再　生　44, 128
臍　帯　153
細動脈　140
細　胞　24, 134
細胞外基質　33, 135
細胞呼吸　32, 35, 40
細胞骨格　25, 33
細胞質　24, 25
細胞質分裂　47～49
細胞周期　46
細胞周期制御システム　71
細胞小器官　25
細胞説　44
細胞体　156
細胞内共生　103
細胞内膜系　102
細胞板　49
細胞分裂　44
細胞壁　24, 25, 33, 49
細胞膜　24～26
　――の構造　27
在来種　166
萌　114
雑種弱勢　90
砂　漠　171
サバンナ → 熱帯草原
サルコメア　159
サンゴ　173
サンゴ礁　173
酸　素　34, 36, 40
3 ドメイン説　93

C → シトシン
G → グアニン
CNS → 中枢神経系
GM → 遺伝子組換え
GMO → 遺伝子組換え生物
紫外線　70
視　覚　155
子　宮　151, 152
軸　索　156
シグナル伝達　69
シグナル伝達経路　69
自己免疫疾患　145
G3P → グリセルアルデヒド 3-リン酸

四肢骨格　158
脂　質　13, 18
子実体　109
脂質二重層　19, 27
四肢動物 → 四足動物
視　床　157
視床下部　147, 157
止　水　172
雌性球果　118
歯　舌　126
自然選択　82
自然免疫　144
持続可能な開発　177
持続可能な生態系　176
四足動物　130

シダ植物　112, 116
　――の生殖　117
シダ類　116
実　験　5
湿地帯　172
シトシン　62
シナプス　157
シナプス小胞　157
師　部　110, 111
子　房　120
脂肪酸　18
脂肪組織　135
刺胞動物　124
姉妹染色分体　45
種　90
周期表　9
重合体　14
終止コドン　65
収縮胞　33
従属栄養生物　122
絨　毛　137
種間競争　162
種間相互作用　162
種　子　112, 118, 121
樹状突起　156
受　精　44, 50, 52, , 115, 117, 119, 121, 152
受精卵　152
種多様性　166, 168
出　生　153
シュート　110
受動輸送　26
種の起原 (The Origin of Species)　80, 81
種の豊富さ　166
受　粉　120
種分化　88～90
腫　瘍　70
受容体　69
循環系　140
子　葉　121
消　化　137
消化管　136
消化系　136
小進化　87, 88
脂溶性ホルモン　147
常染色体　50
小　腸　136
　――の吸収上皮　137
小　脳　157
消費者　35, 164
上皮組織　135
小　胞　25, 31, 102
小胞体　25, 30
静　脈　140, 141
照葉樹林　171
植　食　163
食　道　136
植　物　93, 102, 110
植物界　93
植物細胞　25
植物プランクトン　172
食物繊維　16
食物網　165
食物連鎖　164

触角　127
自律神経系　154
人為選択　82, 83
進化　6, 80, 82
　　ヒトの——　133
深海底　173
真核細胞　24
　　——の構造　25
真核生物　24, 98, 102, 108
真核生物ドメイン　93, 98
心筋　135, 159
心筋梗塞　141
神経回路　156
神経系　154, 156
神経細胞 → ニューロン
神経索　128
神経軸索　156
神経組織　135
神経伝達物質　157
人口　176
心周期　140
真獣類　132
新生代　93
心臓　140, 141
　　——の構造　141
腎臓　148, 149
心臓血管系　140
腎単位 → ネフロン
浸透　26
浸透圧調節　148
針葉　118
針葉樹林　171
侵略種 → 帰化種

水管系　128
水圏バイオーム　172
膵臓　136, 146, 147
水素結合　12, 62
水溶性ホルモン　147
頭蓋　129
スクロース　16
ステップ → 温帯草原
ステロイドホルモン　19
ストロマ　36
スパイク　106
スプライシング　66

生活環
　　HIVの——　107
　　バクテリオファージの——　106
　　ヒトの——　50
生痕化石　84
生産者　34, 164
精子　150
精子形成　150
静止膜電位　156
性周期　151
生殖隔離　90
生殖系　150
生殖腺　150
生殖輸管　150
生成物　8
性染色体　50, 60
性線毛　101
精巣　147, 150

精巣上体　150
生息地破壊　169
生息場所隔離　90
生態系多様性　168
生体膜　26
性的組換え　88
精嚢　150
生物　2
生物界
　　——の階層　3
生物学　2
生物群系 → バイオーム
生物群集 → 群集
生物多様性　83, 168
生物多様性ホットスポット　177
生物地理学　85
生物的防除　167
生物濃縮　165
生物要因　160
生命誕生　96
生命の起原　96
生命の進化の歴史　105
脊索動物　128
脊髄　154
脊椎　129
脊椎動物　129
世代交代　115
赤血球　142
接合　101
接合子　44, 50
摂食　137
節足動物　126, 127
絶滅　168
セルロース　17
先カンブリア代　92
線形動物　125
全ゲノムショットガン法　79
漸次的進化　91
染色質 → クロマチン
染色体　28, 44, 46, 50
　　——の構造　45
　　——の複製　48
染色体数　45
潜性 → 劣性
先体　150
選択的透過性　26
善玉コレステロール　19
蠕虫　125
蠕動　137
セントロメア　45
線毛　24
繊毛　33
前立腺　150
蘚類　114

総合防除　167
相互排除の原則　162
創始者効果　88
増殖因子　71
相対頻度　166
相同染色体　50
相利共生　163
促進拡散　26
側線系　130, 131
組織　134

疎水性　18
ソテツ類　119
粗面小胞体　30

た 行

太古地球
　　——の大気　96, 97
体細胞分裂　52
胎児　152
代謝　15
体循環　141
対照群　5
対照実験　5
大進化　88, 89
体性神経系　154
体節　125, 127
大絶滅　89
大腸　136
大脳　157
胎盤　132, 153
太陽光　34
大陸移動　92
大陸棚　173
対立遺伝子　54
苔類　114
多因子遺伝　61
ダーウィン（Darwin, Charles）
　　6, 80
唾液腺　136
多細胞化　104
多細胞生物　104
多足類　127
脱水縮合反応　15
多糖　17
たばこ　70
多面発現性　61
単結合　11
単孔類　132
短鎖縦列反復配列 → STR
単純拡散　26
炭水化物　13, 16
炭素　12, 175
断続平衡　91
炭素骨格　13
炭素循環　175
単糖　16
胆嚢　136
タンパク質　13, 20
　　——の機能　21
　　——の構造　20
　　——の修飾　31
単量体　14

知覚　155
地球温暖化　178
地質学的記録　92
膣　151
窒素　175
窒素固定細菌　100
窒素循環　175

チミン　62
着床　152
チャネル　26
中間帯バイオーム　172
中軸骨格　158
中心液胞　25
中枢神経系　154
中性子　10
中生代　93
柱頭　120
頂芽　111
聴覚　155
潮間帯　172
鳥類　131
チラコイド　36
地理的種分化　91

ツノゴケ類　114
ツンドラ　170

T → チミン
tRNA → 転移 RNA
DNA（デオキシリボ核酸）　28, 44, 62, 64
　　——の複製　63
DNA 型鑑定　76, 78
DNA ポリメラーゼ　63, 76
DNA リガーゼ　63, 72
T 細胞　145
底生層　173
デオキシリボ核酸 → DNA
デオキシリボース　62
適応　82
適応免疫　144, 145
テストステロン　19
転移　71
転移 RNA　65, 67
電子　10
電子伝達系　40
転写　30, 64〜66
転写因子　68
点突然変異　70
デンプン　17

糖　34, 62
　　——の生成　36
同位体　10
糖鎖　27
頭索類　128
糖質　16
同所的種分化　91
透析　148
頭足類　126
動物　93, 102, 122
動物界　93
動物細胞　25
洞房結節　140
動脈　140, 141
トカゲ類　131
トクサ類　116
独立の法則　56
土壌細菌　100
突然変異　70, 88
ドメイン　92, 98
トランスジェニック生物　74

な行

内骨格　128, 129
内骨格系　158
内生胞子　98
内分泌器官　147
内分泌系　146, 147
軟骨魚類　130
軟骨組織　135
軟体動物　126

二遺伝子雑種交雑　56
二酸化炭素　34, 36, 40
二酸化炭素濃度　178
二重結合　11
二重盲検　5
二重らせん　62
二糖　16
二倍体　50
二分裂　44, 98
二枚貝類　126
二命名法　93
乳酸　42
乳酸発酵　42
乳腺　132
ニューロン　135, 154, 156
尿　148
　　──の組成　149
尿管　148
尿細管　149
尿道　148

ヌクレオソーム　28
ヌクレオチド　62

根　110
ネアンデルタール人　133
熱　174
熱水噴出孔　160
熱帯草原　171
熱帯林　170
ネフロン　149

脳　154, 157
脳幹　157
能動輸送　26
乗換え　53, 57

は行

葉　110, 111
胚　121
バイオインフォマティクス　85
バイオジェネシス　→　生命誕生
バイオーム　170
配偶子　44, 50, 55, 115, 117, 150

配偶体
　コケ植物の──　114
　シダ植物の──　116
胚珠　120
肺循環　141
排泄　137
胚乳　121
胚嚢　120
胚盤胞　152
肺胞　138, 139
胚葉　152
排卵　151
バクテリアドメイン　→　細菌ドメイン
バクテリオファージ　101, 106
　　──の生活環　106
爬虫類　131
発がん物質　70
白血球　142, 144
発見科学　4
発酵　42
発生　44, 69
花　110, 113, 120
パネットの方形　55
パンゲア　92
伴性遺伝　60
伴性遺伝子　60
反応物　8
半保存的複製　63

火　161
非枝分かれ進化　89
PNS　→　末梢神経系
比較解剖学　85
ヒカゲノカズラ類　116
光　174
非競合阻害剤　23
非極性結合　11
ビーグル号　81
鼻腔　138
B細胞　145
尾索類　128
PCR　→　ポリメラーゼ連鎖反応
被子植物　112, 120
微絨毛　137
ヒスタミン　145
非生物要因　160
ビタミン　137
必須アミノ酸　137
必須栄養素　137
必須脂肪酸　137
ヒト
　　──の遺伝　58
　　──の進化　133
ヒトゲノム計画　79
ヒト属　133
ヒト免疫不全ウイルス　107, 145
　　──の生活環　107
ヒドロキシ基　13
泌尿系　148
表現型　54
病原体　100, 144, 163
標的器官　147
表皮組織　110, 111
表面張力　12

微量元素　9
ビリルビン酸　40, 42
ファージ　→　バクテリオファージ
フィブリン　143
不完全優性　61
副甲状腺　147
副腎　147
腹足類　126
複対立遺伝子　61
物質　8
物質循環　174
フットプリント　→　エコロジカルフットプリント
負のフィードバック　146
不飽和脂肪　18
プライマー　77
プラスミド　24, 72, 74, 101
プラセボ　→　偽薬
プリオン　106, 107
フルクトース　16
プレーリー　→　温帯草原
プロファージ　106
プロモーター　66
分解者　108, 174
分岐分類学　95
分子　8
分離の法則　55
分類階級　92, 93
分類学　92
分裂期　46
分裂溝　49

平滑筋　135, 159
ペースメーカー　140
ヘテロ接合　54
ペニシリン　108
ヘビ類　131
ペプチド結合　20
ヘルパーT細胞　107
弁　141
変異型　58
変異原　70
扁形動物　125
鞭毛　24, 25, 33

保因者　58
膀胱　148
胞子　109
胞子体　114, 115
胞子嚢　116
房室結節　140
飽和脂肪　18
捕食　163
保全生態学　176
ホットスポット　→　生物多様性ホットスポット
ボトルネック効果　88
哺乳類　132
骨　158
ほふく枝　44
ホメオスタシス　146
Homo sapiens　133
ホモ接合　54
ポリヌクレオチド　62

ポリプ　124
ポリペプチド　20
　　──の伸長　67
ポリマー　→　重合体
ポリメラーゼ連鎖反応　76
ホルモン　147
翻訳　30, 64〜67

ま行

マイクロRNA　68
マイクロサテライト　→　STR
膜タンパク質　27
マスト細胞　145
末梢神経系　154
マルトース　16
ミエリン鞘　156
ミオシン　159
味覚　155
水　12, 34, 36, 40, 161
　　──と温度調節　12
ミトコンドリア　25, 32, 35, 40, 103
ミネラル　137
無顎類　130
無光層　173
娘細胞　48
無性生殖　44
無脊椎動物　124
明反応　36, 38
めしべ　120
メタン生成菌　99
メッセンジャーRNA　65
メドゥーサ　124
免疫系　144
メンデル（Mendel, Gregor）　54
盲検　5
毛細血管　140
網膜　155
木部　110, 111
モノマー　→　単量体
門　123

や〜わ

萼　120
野生型　58
U　→　ウラシル
有機化合物　12, 13
有光層　173
有糸分裂　→　核分裂
優性　54, 56
雄性球果　118
有性生殖　44, 50
優性対立遺伝子　54
有袋類　132
ユーカリアドメイン　→　真核生物ドメイン

輸送体　26	ラクトース　16, 23	陸上植物　110	リンパ系　144
溶　液　12	裸子植物　112, 118	リグニン　110, 116	リンパ節　144
溶菌生活環　106	——の生殖　119	リソソーム　25, 31	
陽　子　10	らせん菌　98	リボ核酸 → RNA	霊長類　132
陽性対照群　5	ラマルク（Lamarck, Jean-Baptiste	リボース　64	劣　性　54, 56
葉　肉　111	de）　80	リボソーム　24, 25, 31, 65〜67	劣性対立遺伝子　54
溶　媒　12	卵　150	リボソーム RNA　29, 65	レトロウイルス　107
羊　膜　153	卵　割　152	流動モザイクモデル　27	連　鎖　56
羊膜卵　131	卵　管　151, 152	両生類　131	連鎖遺伝子　57
葉緑体　25, 32, 34, 36, 103	卵形成　151	理　論　4	
	卵細胞　110	リン酸　62	Y 染色体　60
ライエル（Lyell, Charles）　80	卵　巣　147, 150〜152	リン酸基　13	ワクチン　145
ライフサイクル　46	卵　胞　151, 152	リン脂質　19, 26, 27	ワニ類　131
ラクターゼ　23		リンパ管　144	
	陸圏バイオーム　170	リンパ球　144, 145	

監訳者

八 杉 貞 雄(やすぎ さだお)
1943年 東京に生まれる
1966年 東京大学理学部 卒
東京都立大学教授,帝京平成大学教授,
　京都産業大学教授を歴任
東京都立大学名誉教授
専攻 発生生物学
理学博士

訳 者

石 井 泰 雄(いしい やすお)
1971年 愛媛県に生まれる
1993年 東京都立大学理学部 卒
1998年 東京都立大学大学院理学研究科 修了
現 東京女子医科大学医学部 講師
専攻 発生生物学
博士(理学)

副 島 顕 子(そえじま あきこ)
1961年 大阪に生まれる
1686年 京都大学理学部 卒
1992年 東京都立大学大学院理学研究科 修了
現 熊本大学大学院先端科学研究部 教授
専攻 植物系統分類学
博士(理学)

澤 進 一 郎(さわ しんいちろう)
1971年 高知県に生まれる
1994年 名古屋大学理学部 卒
1999年 京都大学大学院理学研究科 修了
現 熊本大学生物環境農学国際研究センター
　　　　　　　　　　　　　センター長
専攻 植物分子発生遺伝学
博士(理学)

松 田 学(まつだ まなぶ)
1968年 東京に生まれる
1991年 東京大学理学部 卒
1996年 東京大学大学院理学系研究科 修了
現 近畿大学医学部 准教授
専攻 動物学,医学生物学
博士(理学)

第1版第1刷 2019年4月8日 発行
第2刷 2024年3月14日 発行

ビジュアル コア 生物学
(原著第2版)

監訳者　八 杉 貞 雄
発行者　石 田 勝 彦
発　行　株式会社 東京化学同人
東京都文京区千石3丁目36-7(〒112-0011)
電話 (03)3946-5311・FAX (03)3946-5317
URL: https://www.tkd-pbl.com/

印刷・製本　日本ハイコム株式会社

ISBN978-4-8079-0956-8
Printed in Japan
無断転載および複製物(コピー,電子データ
など)の無断配布,配信を禁じます.